首届全国机械行业职业教育优秀教材

高等职业教育机电一体化技术专业系列教材

机械制图习题集

（含解答）

主　编　唐永艳　陈贤清
副主编　郭　容　王海珠
参　编　曾　晗　杨　宇　张　元　伍倪燕　张云程
　　　　杨　越　刘　蜀　朱　利　刘存平

机械工业出版社

本习题集是依据教育部制定的高职高专"机械制图"课程的基本要求，结合作者多年来制图教学改革实践经验，以培养学生绘图和读图能力为目标而编写的，与唐永艳、陈贤清主编的《机械制图》教材配套使用。练习题内容和难易设计充分考虑了高职学生的认知和思维特点，同时注重基础，由浅入深，循序渐进，力求让学生扎实掌握制图的基本技能及绘图、读图的基本方法。

本习题集含习题解答（用手机扫描正文中相应的二维码即可查看），并附大量直观立体图和电子教案，特别适合教师课堂教学演示和学生自学。凡使用本习题集作教材的教师，可发送邮件至 ybzytyy@163.com 索取电子教案。

本习题集适合高等职业院校机械类和近机械类专业学生选用，也可作为相关工程技术人员的参考书。

图书在版编目（CIP）数据

机械制图习题集：含解答/唐永艳，陈贤清主编．—北京：机械工业出版社，2021.5（2025.1重印）
高等职业教育机电一体化技术专业系列教材
ISBN 978-7-111-67714-7

Ⅰ.①机… Ⅱ.①唐… ②陈… Ⅲ.①机械制图-高等职业教育-习题集 Ⅳ.①TH126-44

中国版本图书馆 CIP 数据核字（2021）第 041693 号

机械工业出版社（北京市百万庄大街22号　邮政编码100037）
策划编辑：周国萍　责任编辑：周国萍　刘本明
责任校对：李　婷　封面设计：鞠　杨
责任印制：郜　敏
中煤（北京）印务有限公司印刷
2025年1月第1版第4次印刷
260mm×184mm・14印张・176千字
标准书号：ISBN 978-7-111-67714-7
定价：59.00元

凡购本书，如有缺页、倒页、脱页，由本社发行部调换

电话服务	网络服务
客服电话：010-88361066	机　工　官　网：www.cmpbook.com
010-88379833	机　工　官　博：weibo.com/cmp1952
010-68326294	金　书　网：www.golden-book.com
封底无防伪标均为盗版	机工教育服务网：www.cmpedu.com

高等职业教育机电一体化技术专业系列教材编委会

主　任　贺大松（宜宾职业技术学院机电一体化技术专业带头人，教授）

副主任　王在东（五粮液集团普什智能科技集团总经理，宜宾职业技术学院机电一体化技术专业带头人，高级工程师）

　　　　朱　涛（宜宾职业技术学院五粮液技术学院常务副院长，副教授）

委　员（按姓氏笔画排序）

　　　　王　赛（宜宾职业技术学院五粮液技术学院，副教授）

　　　　卢　琳（宜宾职业技术学院五粮液技术学院，副教授）

　　　　张　强（宜宾职业技术学院五粮液技术学院，副教授）

　　　　张信禹（宜宾职业技术学院五粮液技术学院，副教授）

　　　　张德红（宜宾职业技术学院五粮液技术学院，副教授）

　　　　陈旭辉（西门子工业自动化有限公司，工程师）

　　　　陈　琪（宜宾职业技术学院五粮液技术学院，副教授）

　　　　陈清霖（五粮液集团普什智能科技集团技术部部长，工程师）

　　　　殷　强（宜宾职业技术学院五粮液技术学院，高级工程师）

　　　　唐永艳（宜宾职业技术学院五粮液技术学院，副教授）

前　言

　　本习题集与唐永艳、陈贤清主编的《机械制图》配套使用,适合高等职业院校机械类和近机械类专业学生选用,也可作为相关工程技术人员的参考书。

　　本习题集具有以下特点:

　　1. 在内容和编排顺序上与主教材《机械制图》一致。每一个教学任务都设计了难度适中的练习题,作为随堂练习和课外巩固练习。

　　2. 练习题的内容和难易设计充分考虑了高职学生的认知和思维特点,同时,注重基础,并由浅入深,循序渐进,力求让学生扎实掌握制图的基本技能及绘图、读图的基本方法。

　　3. 全面贯彻最新的《技术制图》和《机械制图》国家标准。

　　4. 为方便教与学,本习题集含精心编写的习题解答(用手机扫描正文中的相应二维码即可查看),并有大量直观立体图和电子教案,特别适合教师课堂教学演示。凡使用本习题集作教材的教师,可发送邮件至 ybzytyy@163.com 索取电子教案。

　　本习题集由唐永艳、陈贤清任主编,郭容、王海珠任副主编,参加编写工作的还有曾晗、杨宇、张元、伍倪燕、张云程、杨越、刘蜀、朱利、刘存平。

　　由于编者水平有限,书中难免有不足之处,恳请读者批评指正。

编　者

目 录

前言
项目 1　绘制平面图形 …………………………………… 1
　任务 1.1　图纸格式、比例、字体的规定 ……………… 1
　任务 1.2　图线的规定和绘图工具的使用 ……………… 2
　任务 1.3　尺寸标注的规定 ……………………………… 4
　任务 1.4　常见几何图形的画法 ………………………… 6
　任务 1.5　绘制平面图形 ………………………………… 9
　任务 1.6　徒手画图的方法 ……………………………… 10
项目 2　投影基础 ………………………………………… 11
　任务 2.1　投影法及物体的三视图 ……………………… 11
　任务 2.2　点、直线、平面的投影 ……………………… 14
项目 3　基本体的三视图和轴测图 ……………………… 18
　任务 3.1　绘制基本体的三视图 ………………………… 18
　任务 3.2　绘制基本体的轴测图 ………………………… 24
项目 4　组合体的三视图和轴测图 ……………………… 29
　任务 4.1　绘制平面与立体表面交线的投影 …………… 29
　任务 4.2　绘制两回转体表面交线的投影 ……………… 37
　任务 4.3　绘制组合体的三视图 ………………………… 42
　任务 4.4　标注组合体的尺寸 …………………………… 46
　任务 4.5　绘制组合体的轴测图 ………………………… 48

　任务 4.6　读组合体三视图 ……………………………… 51
项目 5　表达零件的结构形状 …………………………… 58
　任务 5.1　表达零件的外部结构形状 …………………… 58
　任务 5.2　表达零件的内部结构形状 …………………… 59
　任务 5.3　表达零件的断面形状 ………………………… 66
　任务 5.4　其他表达方法 ………………………………… 68
　任务 5.5　确定零件的表达方案 ………………………… 71
项目 6　标准件及常用件 ………………………………… 73
　任务 6.1　绘制螺纹及螺纹紧固件连接图 ……………… 73
　任务 6.2　绘制齿轮 ……………………………………… 76
　任务 6.3　绘制键及销连接 ……………………………… 78
　任务 6.4　绘制滚动轴承和弹簧 ………………………… 79
项目 7　标注零件的尺寸和技术要求 …………………… 82
　任务 7.1　标注零件的尺寸和尺寸极限与配合 ………… 82
　任务 7.2　标注零件的表面结构要求和几何公差 ……… 84
项目 8　识读零件图 ……………………………………… 87
　任务 8.1　常见零件工艺结构的画法 …………………… 87
　任务 8.2　识读典型零件零件图 ………………………… 89
项目 9　表达装配体的结构 ……………………………… 97
　任务 9.1　装配体的视图表达方法 ……………………… 97

任务 9.2　常见装配体工艺结构的画法 ……………………… 97

项目 10　标注装配体的尺寸及技术要求并编制明细栏 ……… 98

任务 10.1　标注装配体的尺寸及技术要求 ……………………… 98

任务 10.2　编制零部件序号和明细栏 …………………………… 98

项目 11　识读装配图 ………………………………………………… 99

任务　识读装配图 ………………………………………………… 99

项目 12　AutoCAD 计算机绘图 …………………………………… 101

任务　计算机绘图综合训练 ……………………………………… 101

项目 13　减速器测绘 ………………………………………………… 109

任务　画零件草图和零件工作图 ………………………………… 109

项目 1　绘制平面图形

任务 1.1　图纸格式、比例、字体的规定

字体练习

长 仿 宋 字 机 械 制 图 样 上 文 字 必 须 做 到 字 体 端 正 笔 划 清

楚 排 列 整 齐 间 隔 均 匀 审 核 比 例 材 料 单 位 学 校 班 级 数 量

0123456789 ø 0123456789 øRM ABCDEF abcde

班级：＿＿＿＿　　姓名：＿＿＿＿　　学号：＿＿＿＿　　成绩：＿＿＿＿

任务1.2 图线的规定和绘图工具的使用

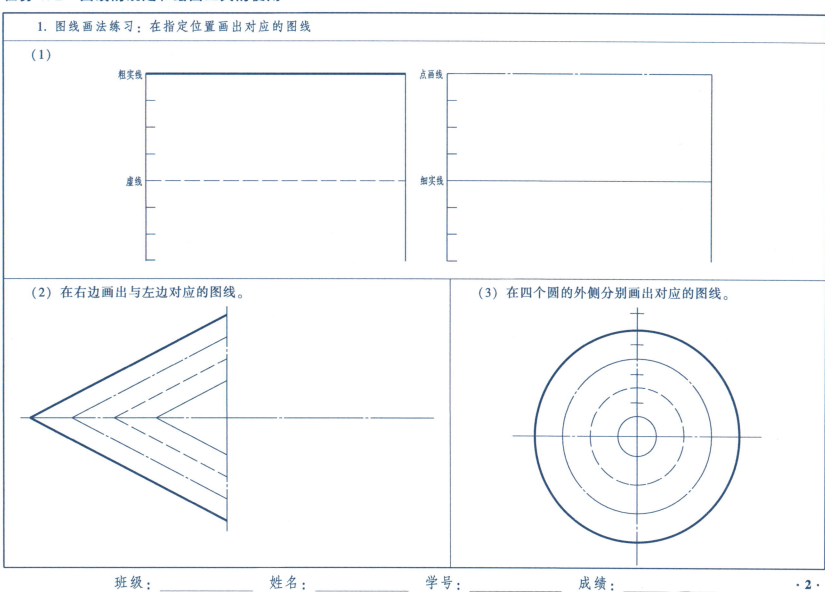

2. 图线画法练习：将左边的图线抄画在右边空白处

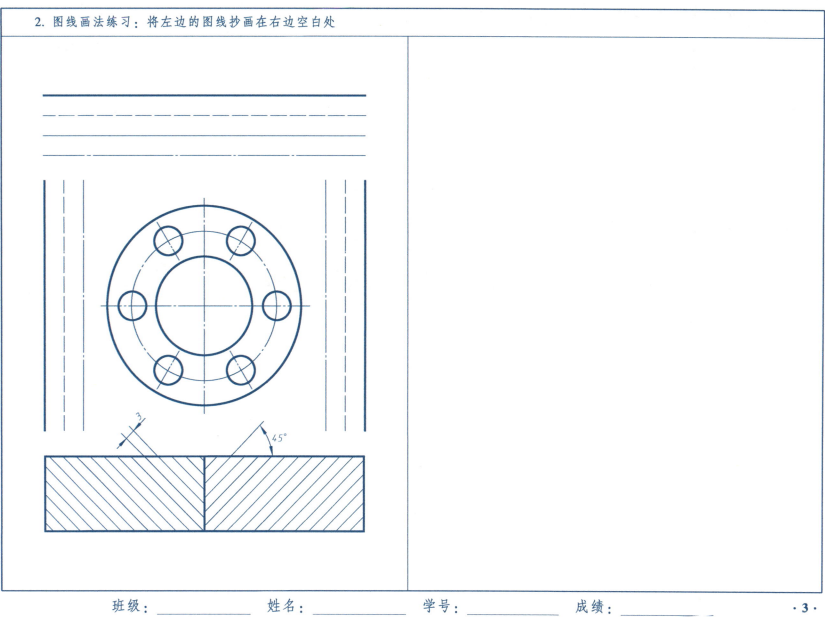

任务1.3 尺寸标注的规定

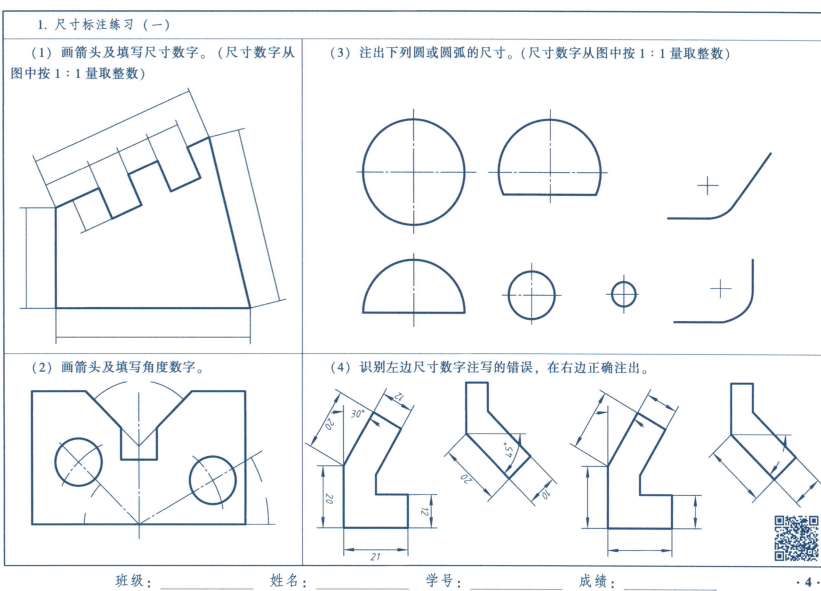

2. 尺寸标注练习（二）

(1) 识别下列两图尺寸注法的错误，指出错误原因。

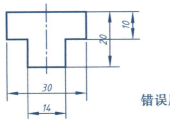  错误原因 ① _____
② _____

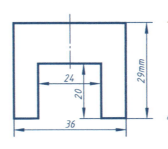 错误原因 ① _____
② _____

(2) 分析左图尺寸注法的错误，并在右图正确注出。

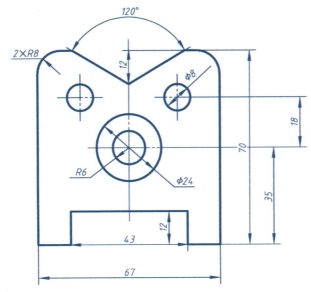 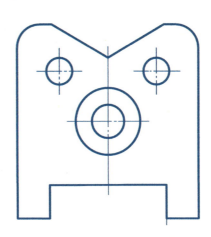

任务1.4 常见几何图形的画法

1. 几何作图（一）

(1) 按小图要求作斜度和锥度，斜度和锥度均为 1∶5，并标注。

1)

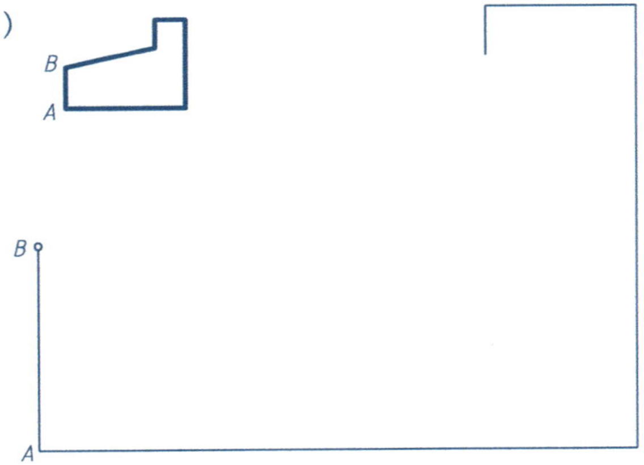

2)

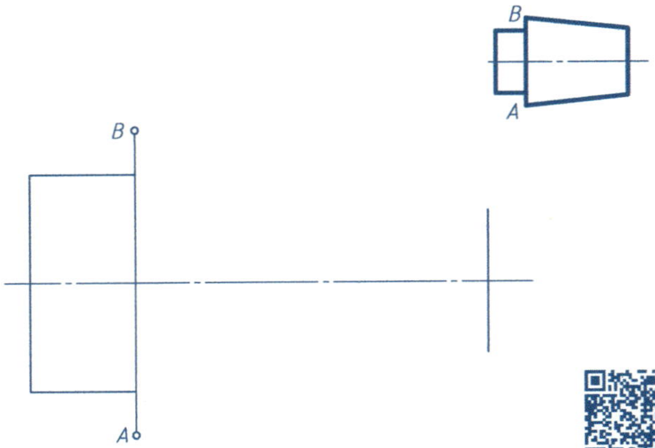

(2) 按小图要求作线段连接及作正多边形。

1)

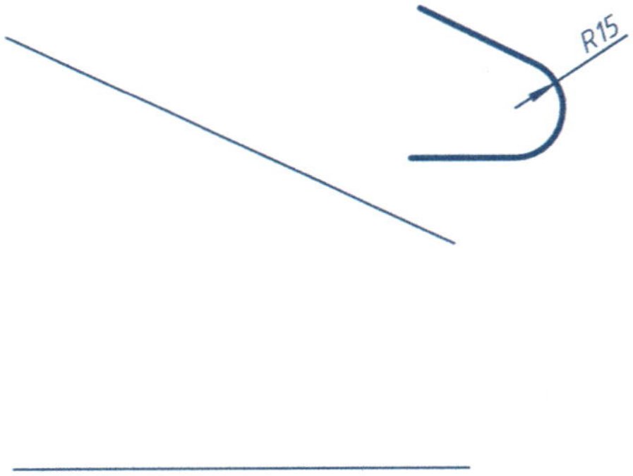

2)

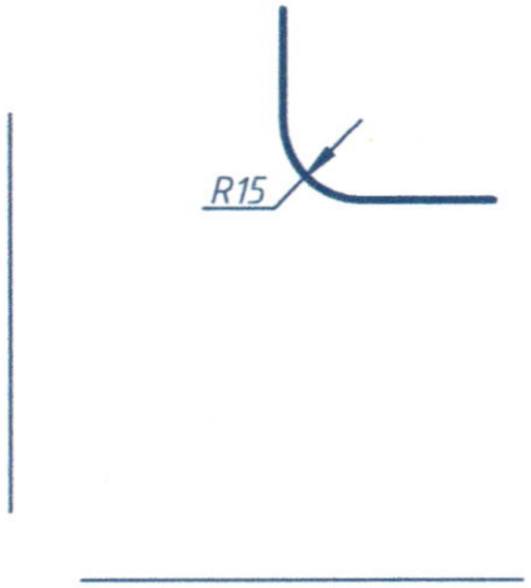

3)

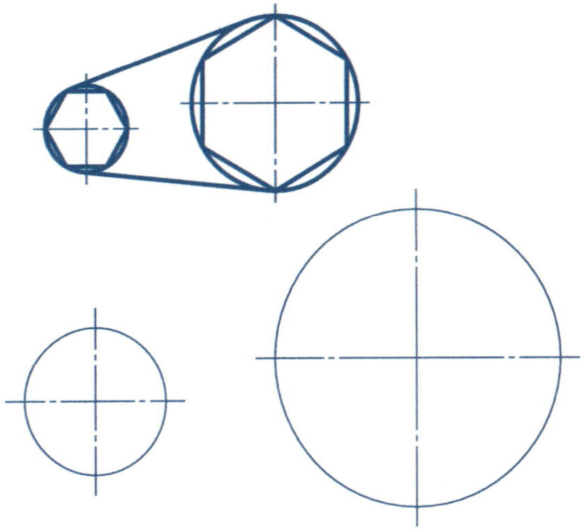

4)

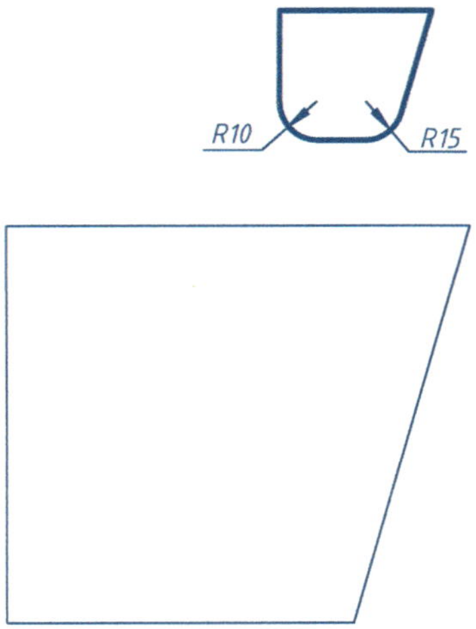

班级：　　　　　姓名：　　　　　学号：　　　　　成绩：

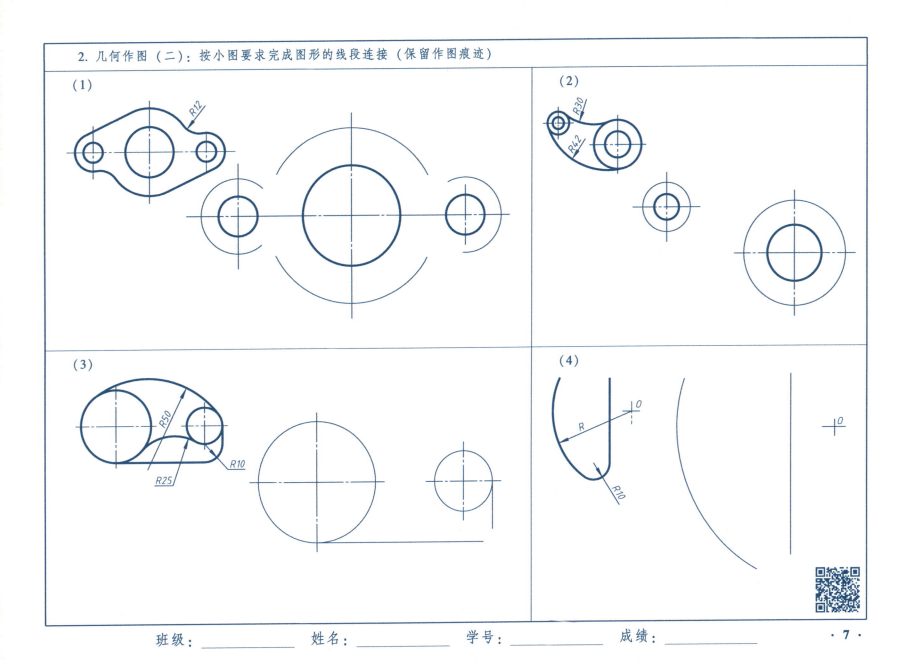

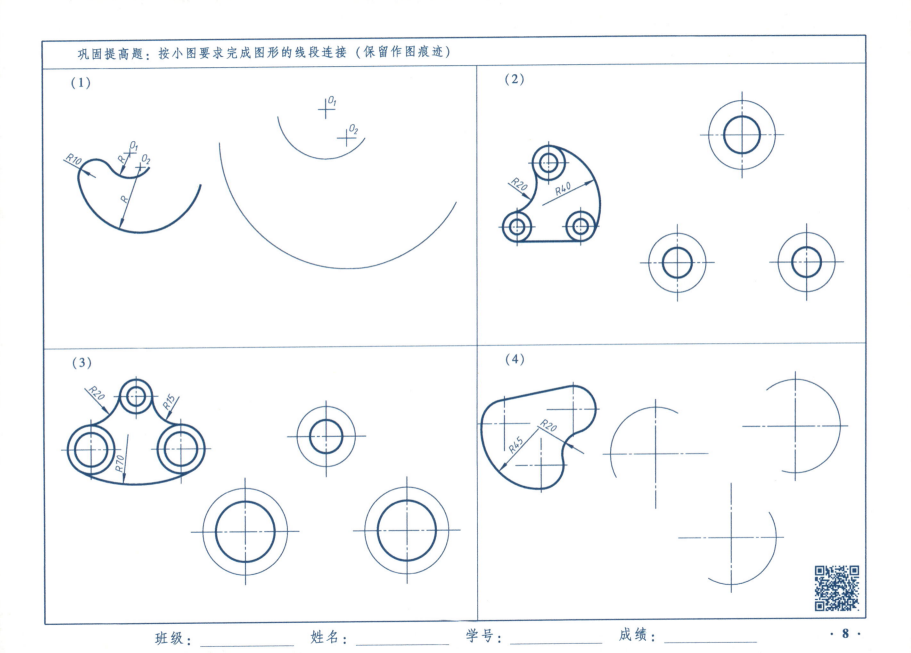

任务 1.5 绘制平面图形

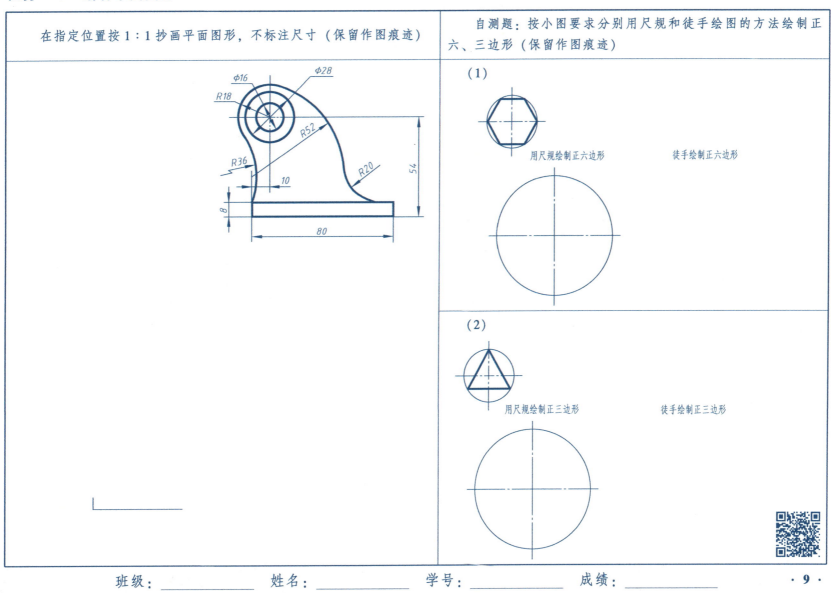

任务1.6 徒手画图的方法

在空白处按示例做徒手绘图练习

(1) 画直线

绘制要点：画短线以手腕运笔；画长线先定出直线的端点 A、B，手腕抬起，笔尖着在 A 点上，眼睛转向终点 B 轻轻平移画线。

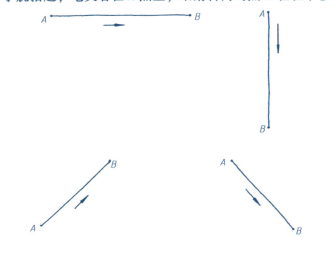

(2) 画常用角度

绘制要点：根据等腰直角三角形斜边的比例关系，在斜边定点，然后连线。

(3) 画圆

绘制要点：画较小圆时，先在中心线上按圆的半径目测定出四点，然后将各点连成圆；画较大圆时，通过圆心加画四条辅助线，按圆的半径大小，目测出八点，分段画圆弧，最后连成整圆。

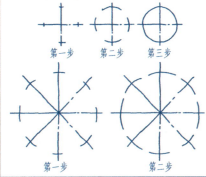

(4) 画圆角

绘制要点：先画角等分线，在该线上目测圆心位置，定出切点，以确定圆弧的起点和终点，再徒手画圆弧。

第一步　第二步　第三步

(5) 画椭圆

绘制要点：先画出椭圆的长短轴，用目测定出四个端点，过这四点画一矩形，然后作四段圆弧与此矩形相切。

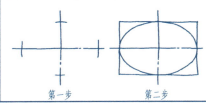

第一步　第二步

项目 2 投影基础

任务 2.1 投影法及物体的三视图

1. 分析下列三视图,辨认其相应的立体图,并在立体图的圆圈内填上相应三视图的编号

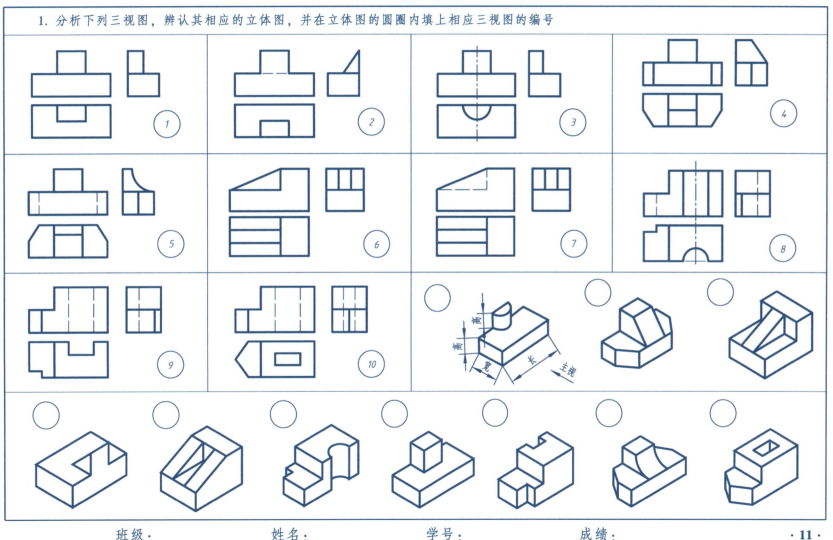

2. 已知主视图对照立体所示形状及宽方向尺寸，补画俯、左两视图（4个物体的总宽均为24mm）

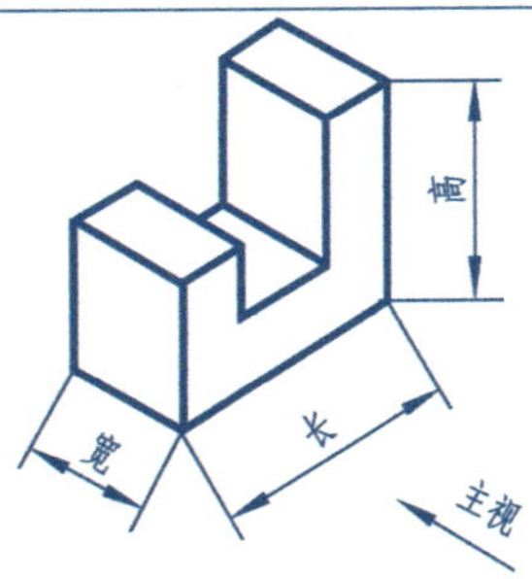

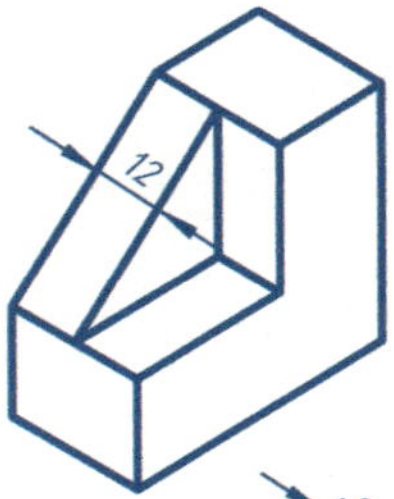

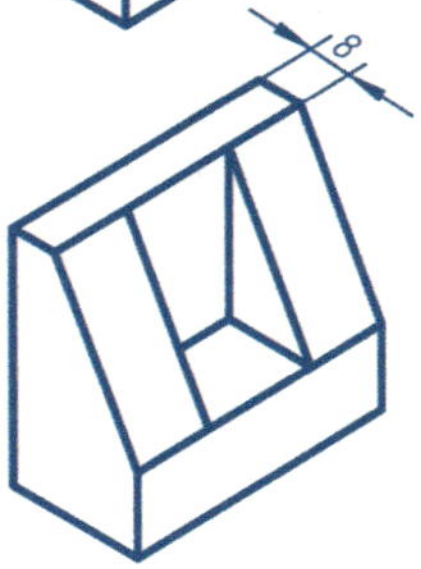

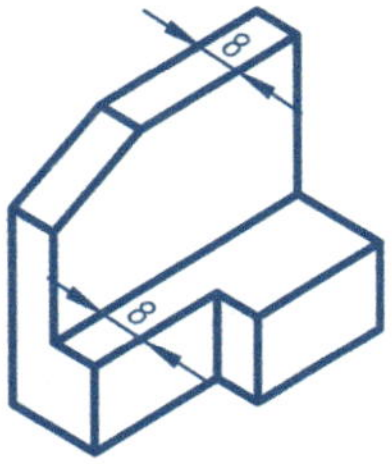

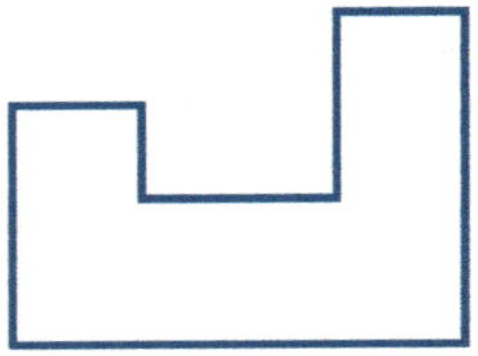

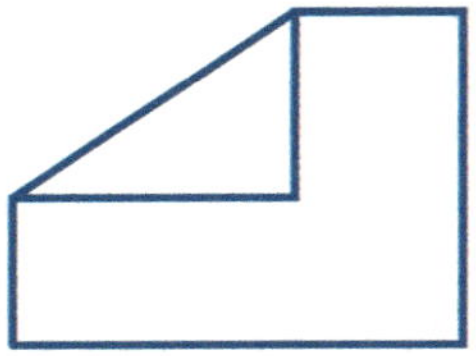

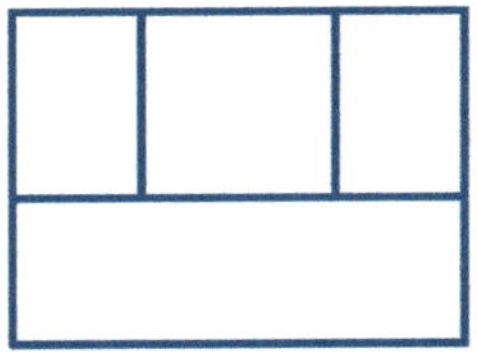

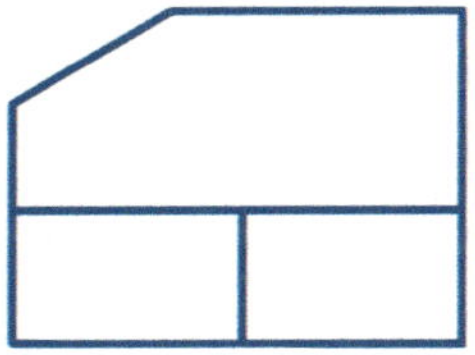

3. 课内专项训练：根据轴测图绘制三视图

(1) 目的

1) 进一步熟悉三视图的形成、"三等"和"六方位"的对应关系。

2) 初步掌握由轴测图画三视图的方法。

3) 继续练习使用绘图仪器和工具。

(2) 内容及要求

1) 根据轴测图画三视图。

2) 用 A4 图纸，比例 1：1。

(3) 绘图步骤

1) 固定图纸。

2) 绘制边框线和标题栏。

3) 画作图基准线（等分成 4 格）。

4) 分别绘制三视图。

(4) 注意点

1) 画图前应仔细观察物体形状，了解形体的特点。

2) 按轴测图和指定的投射方向画三视图。

3) 三视图应按规定位置配置，且符合三视图之间"长对正、高平齐、宽相等"及"六方位"的对应关系。

4) 按长、宽、高三方向测量轴测图的尺寸，不能量斜向的尺寸，量得的尺寸数值取整数。

5) 本习题集中凡孔、槽未注明深度均视为通孔、通槽。

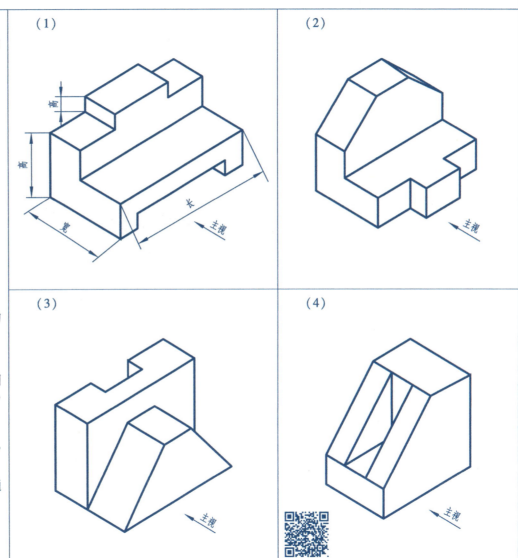

任务 2.2 点、直线、平面的投影

1. 点的投影（一）

(1) 已知各点的两面投影，求作其第三投影。

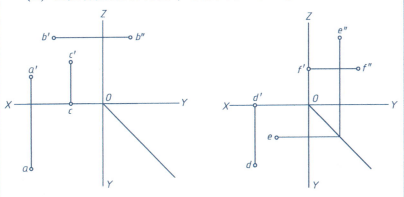

(2) 已知各点的两面投影，求作其第三投影。从投影图中量出各点的坐标值填在相应括号中。

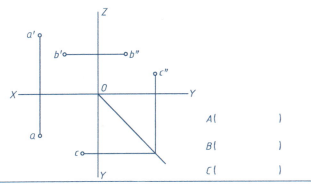

A( )

B( )

C( )

(3) 画出点 A（30，10，25），B（20，30，0），C（10，0，15），D（0，0，32）的三面投影图。

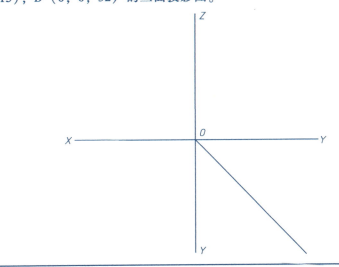

(4) 已知 A 点的投影，点 B 在点 A 的左方 10、前方 20、上方 15 处；点 C 在点 B 的正右方 W 面上。求作点 B、C 的投影图，并判别可见性。

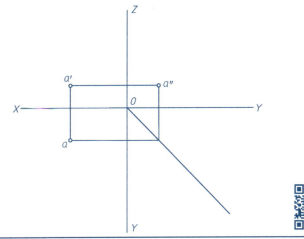

2. 点的投影（二）

(1) 已知点 A 的三面投影，试画出 OZ 轴和 OY 轴。然后求出点 B (12, 20, 15) 的三面投影。

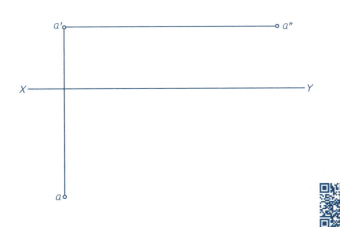

(2) 判断 B、C 两点相对于点 A 的位置，并填空（指出左右、前后、上下方向）。

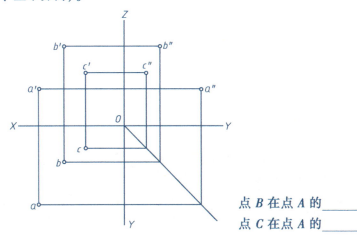

点 B 在点 A 的 _____

点 C 在点 A 的 _____

(3) 在立体的投影图中，标出 A、B、C、D 四点的三面投影。

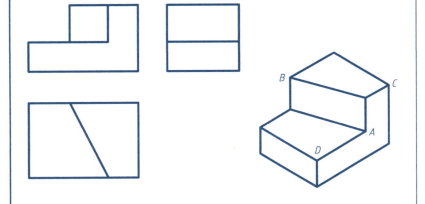

(4) 在立体的投影图中，标出 A、B、C、D、E、F、G、H 各点的三面投影。

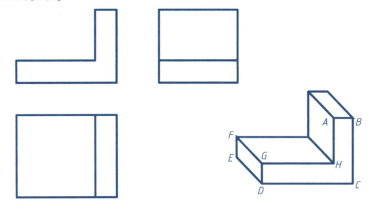

3. 直线、平面的投影（一）

（1）判断下列直线对投影面的相对位置，完成直线的三面投影，并求作直线上点 k 的其他投影。

（2）在投影图中标出 A、B、C、D 四点的投影，并填空。

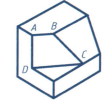

线段 AB 是 _____ 线

线段 BC 是 _____ 线

线段 AD 是 _____ 线

线段 CD 是 _____ 线

1)
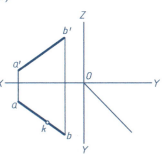

AB 是 _____ 线

2)

CD 是 _____ 线

（3）已知平面的两个投影，求作第三投影，并填空。

3)
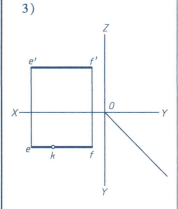

EF 是 _____ 线

4)
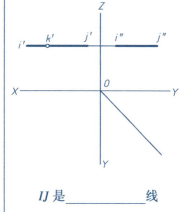

GH 是 _____ 线

5)

IJ 是 _____ 线

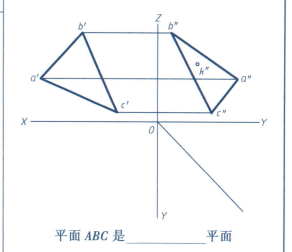

平面 ABC 是 _____ 平面

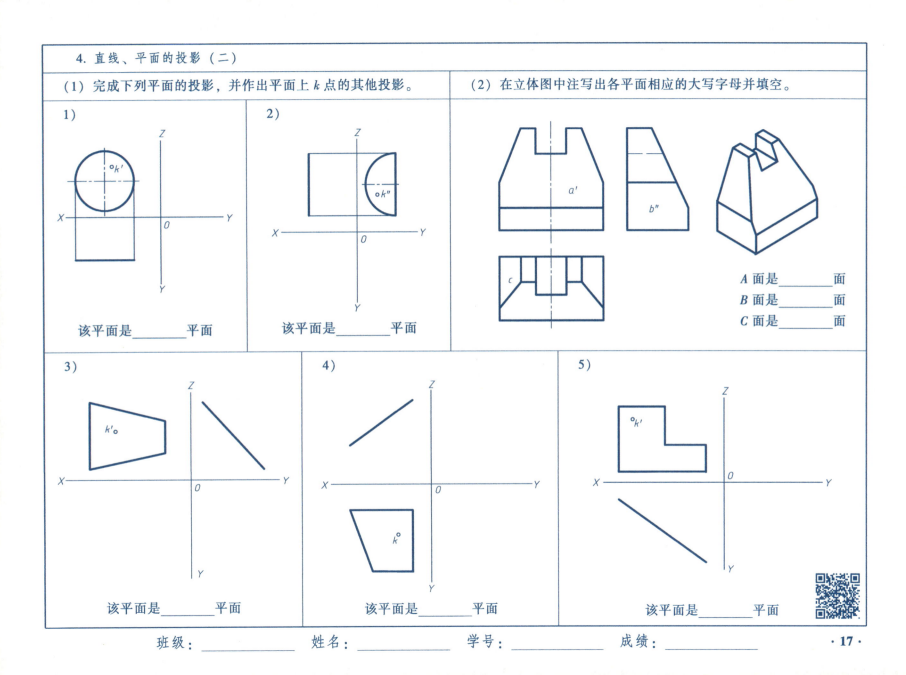

项目 3　基本体的三视图和轴测图

任务 3.1　绘制基本体的三视图

1. 根据已知条件绘制基本体三视图（一）

（1）补画基本体左视图。

（2）已知正六棱柱的主视图，补全三视图。

（3）已知正三棱柱（棱柱高 25mm）的左视图，补全三视图。

（4）已知正六棱柱（棱柱高 15mm）的主视图，补全三视图。

（5）已知正五棱柱（棱柱高 15mm）的俯视图，补全三视图。

（6）补画基本体左视图。

2. 根据已知条件绘制基本体三视图（二）

（1）已知正三棱锥（棱锥高20mm）的俯视图，补全三视图。	（2）已知正四棱锥的主视图，补全三视图。	（3）已知基本体（高20mm）的俯视图，补全三视图。
		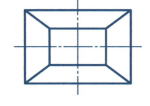
（4）补画基本体左视图。	（5）已知正四棱锥的主、俯视图，补全三视图。	（6）已知正三棱台主、左视图，补画俯视图。

班级：_____ 姓名：_____ 学号：_____ 成绩：_____

3. 根据已知条件绘制基本体三视图（三）

（1）补画基本体主视图。	（2）已知圆柱高 20mm 及其主视图，补全三视图。	（3）已知半圆柱主、俯视图，补画左视图。
（4）已知圆锥的左视图，补全三视图。	（5）已知圆锥的俯视图，补全三视图。	（6）已知圆锥的主视图，补全三视图。

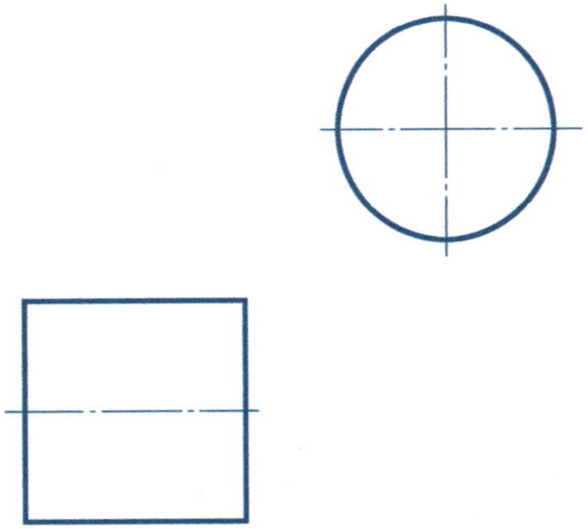

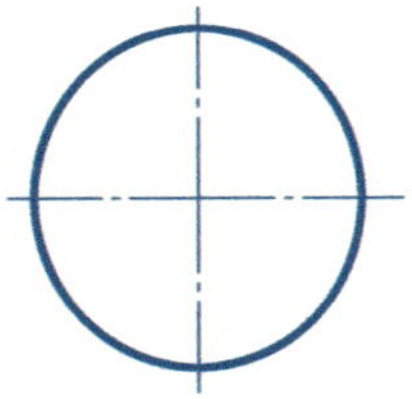

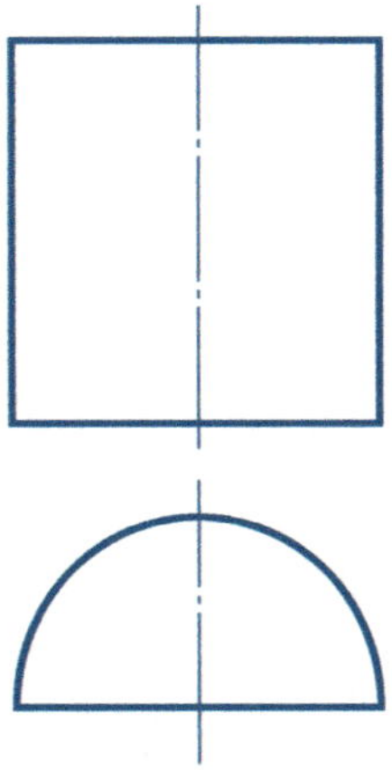

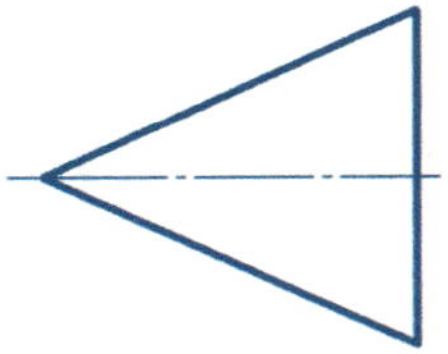

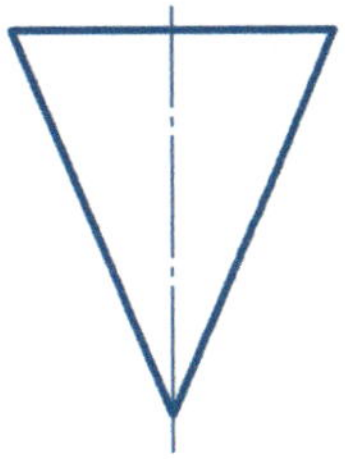

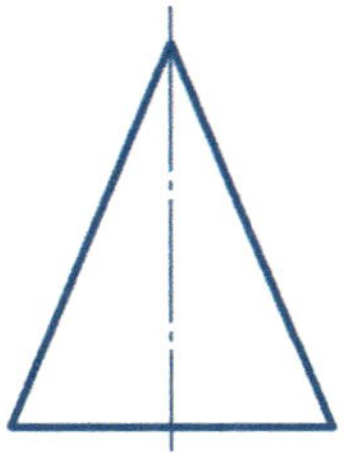

班级：_____ 姓名：_____ 学号：_____ 成绩：_____

4. 根据已知条件绘制基本体三视图（四）

(1) 已知圆台的主视图，补全三视图。

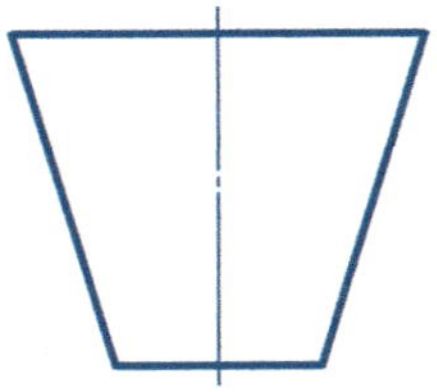

(2) 已知圆台的主视图，补全三视图。

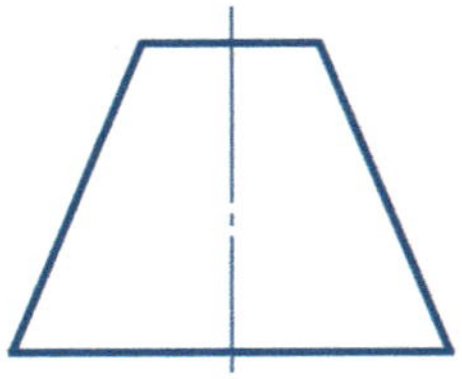

(3) 已知圆台（圆台高 25mm）的左视图，补全三视图。

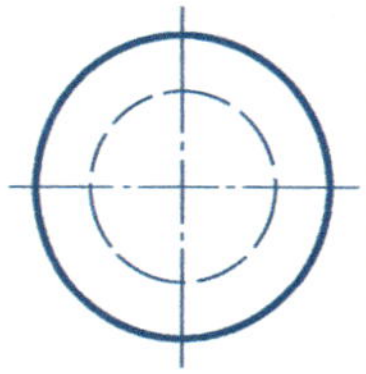

(4)

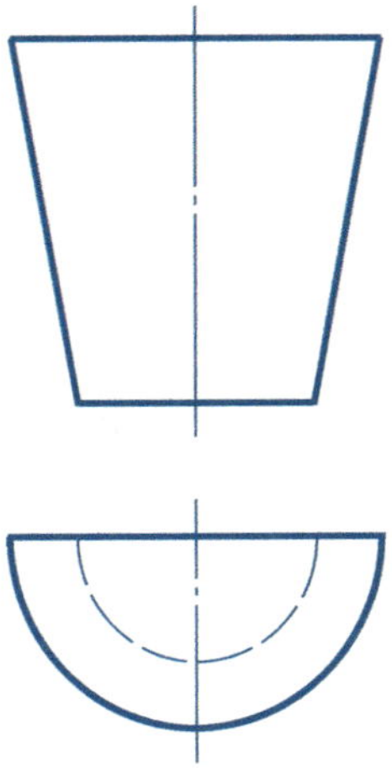

(5)

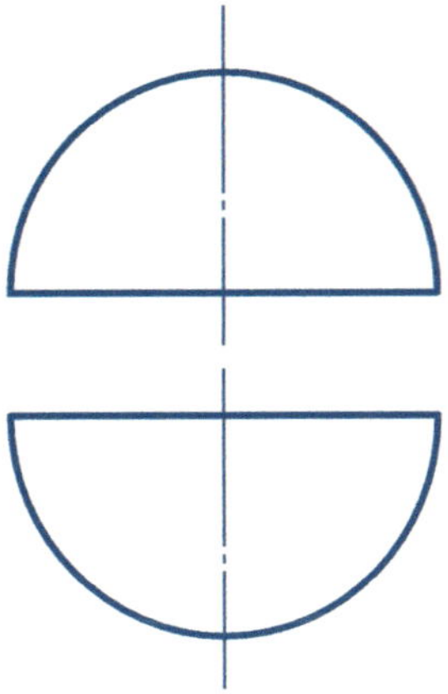

(6)

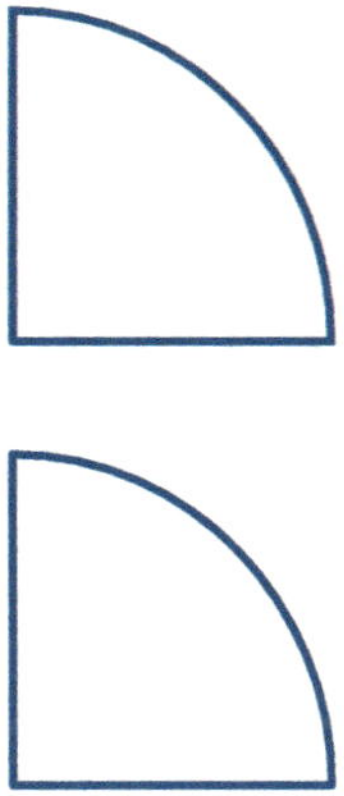

班级：_____ 姓名：_____ 学号：_____ 成绩：_____

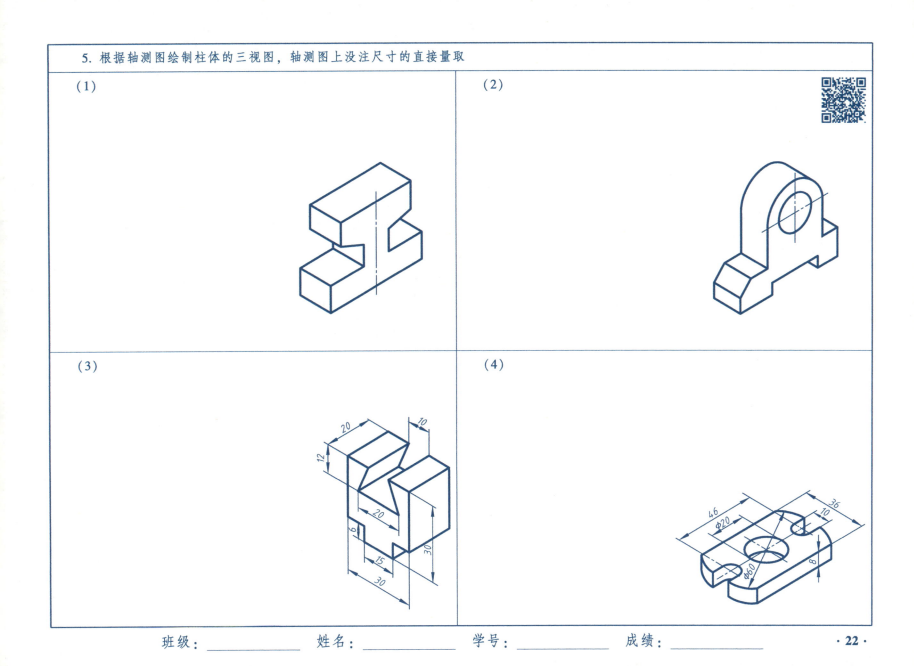

6. 补画柱体三视图所缺图线

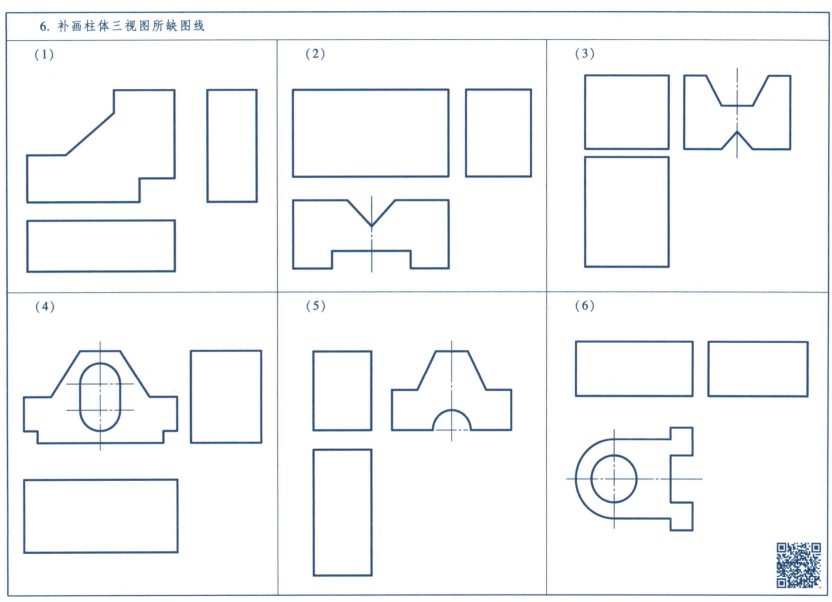

任务 3.2 绘制基本体的轴测图

1. 画出柱体的正等轴测图（尺寸从图中量取），并补全三视图

（1）

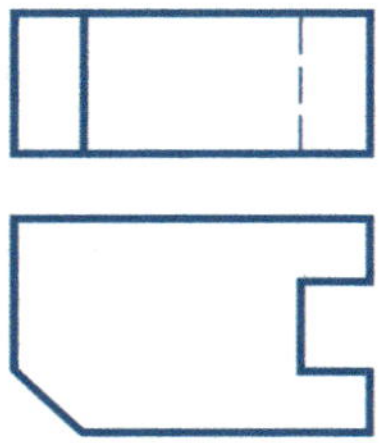

（2）

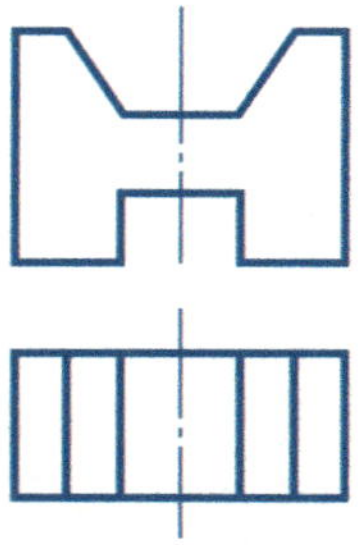

（3）

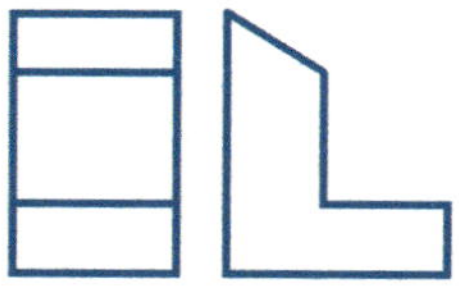

（4）

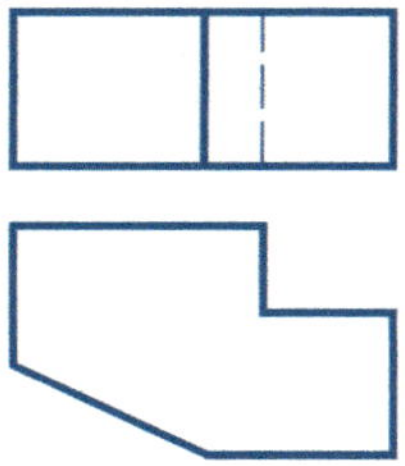

（5）

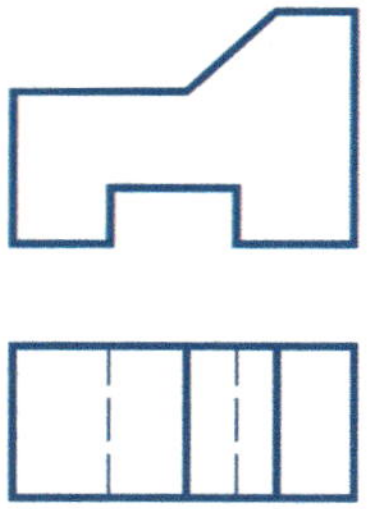

（6）

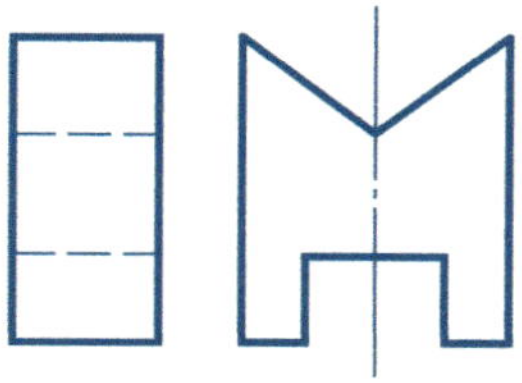

班级：________ 姓名：________ 学号：________ 成绩：________

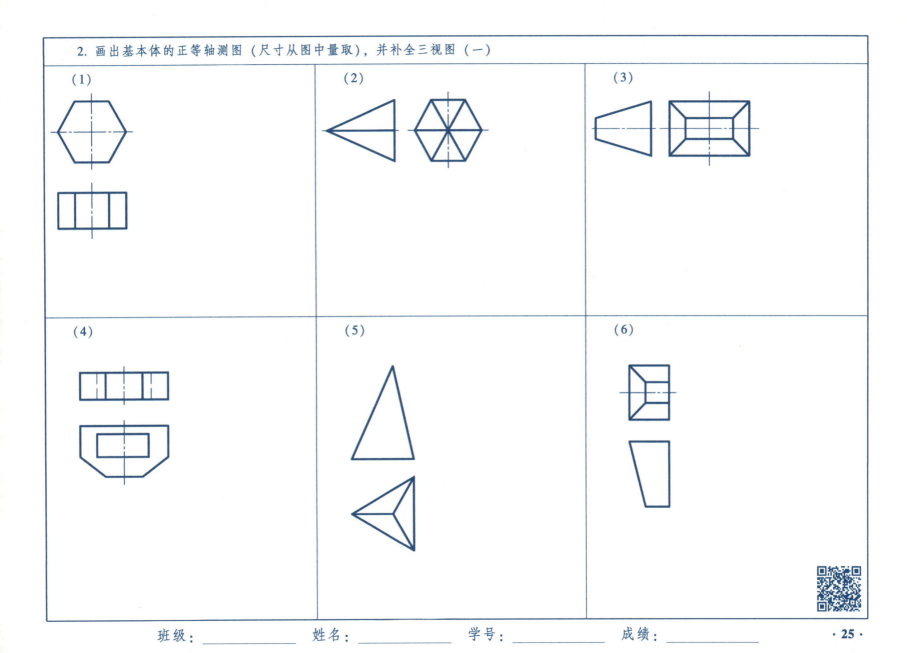

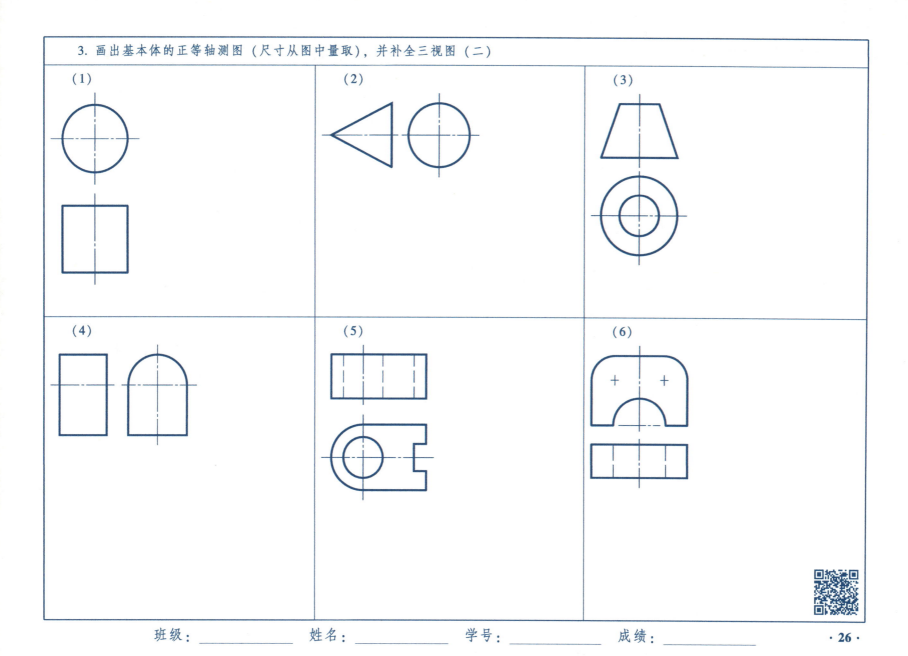

基本体的三视图和轴测图自测题

1. 根据已知条件绘制基本体三视图

(1)

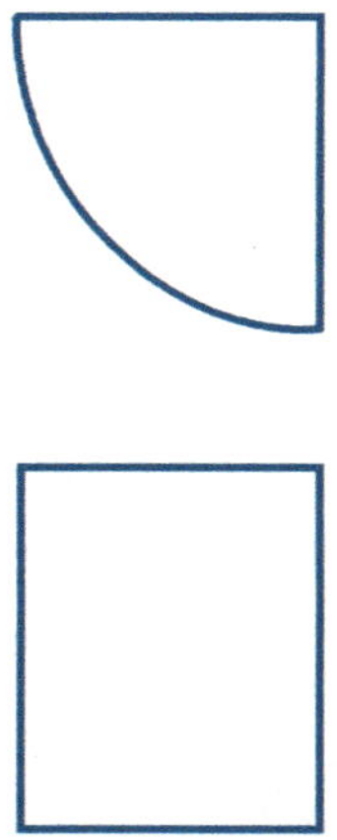

(2)

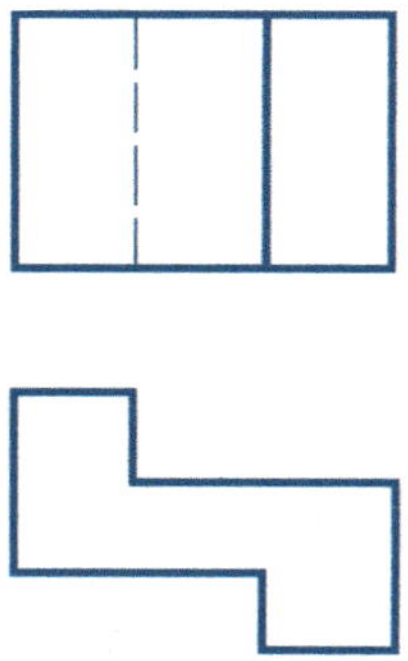

(3)

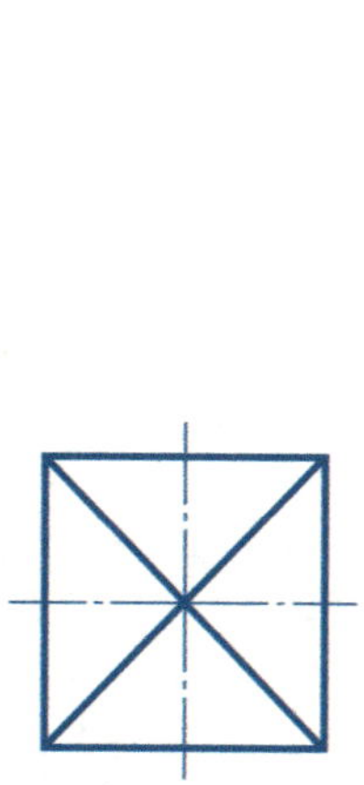

(4)

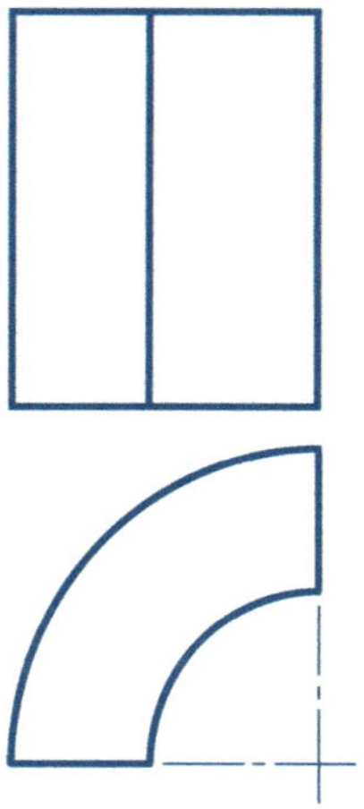

(5) 已知正四棱台的主视图，补全三视图。

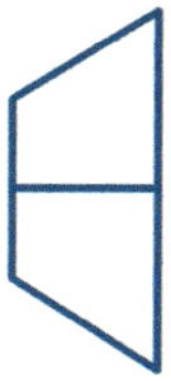

(6)

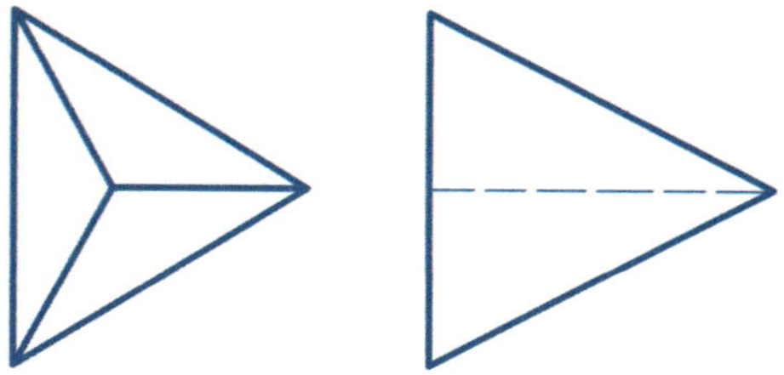

班级：_____ 姓名：_____ 学号：_____ 成绩：_____

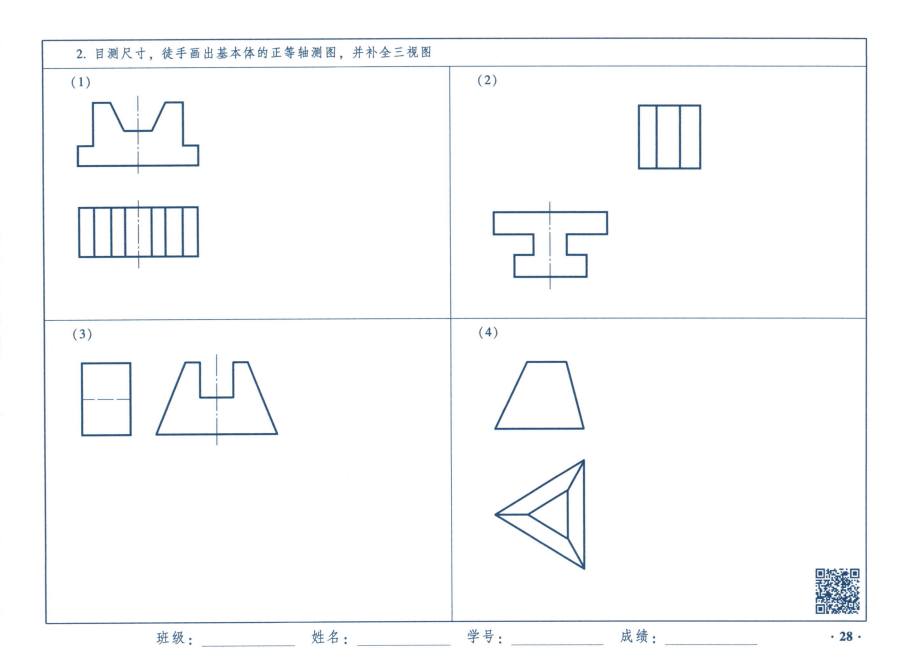

项目 4　组合体的三视图和轴测图

任务 4.1　绘制平面与立体表面交线的投影

1. 分析平面立体的截交线，补全三面投影（一）

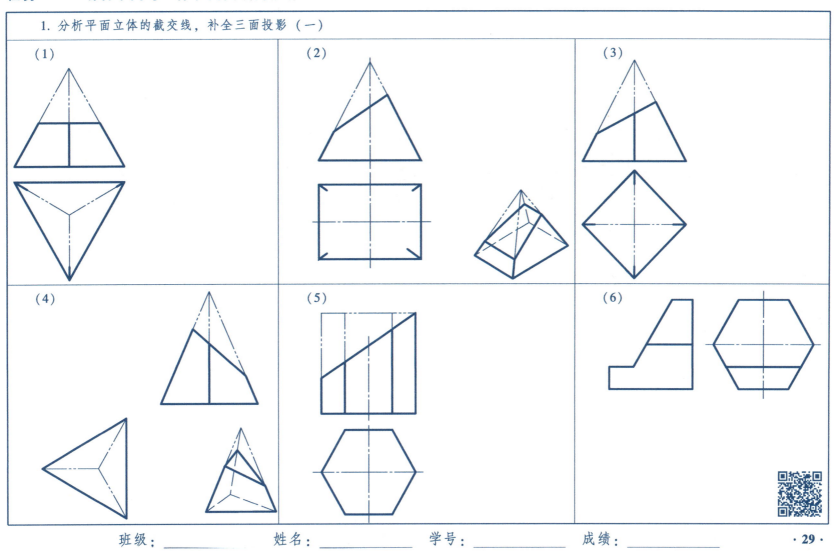

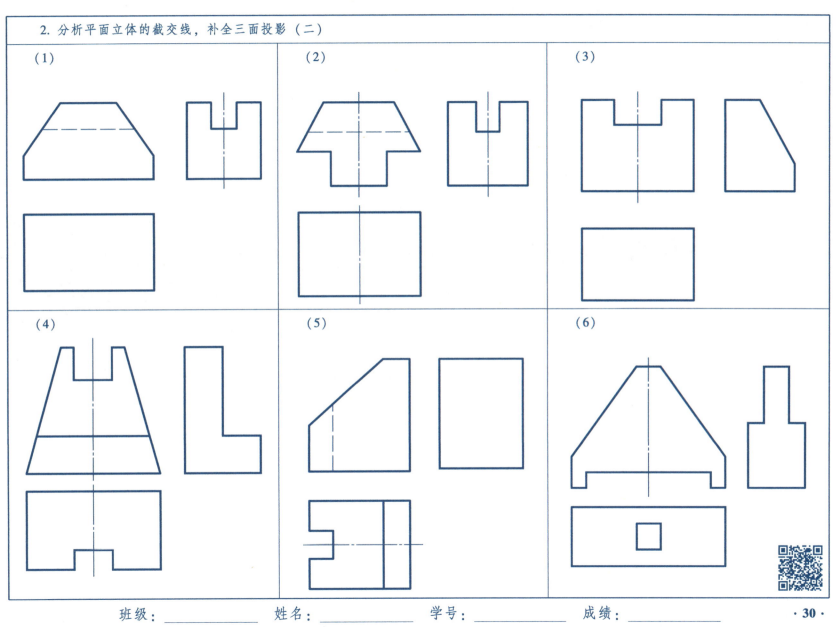

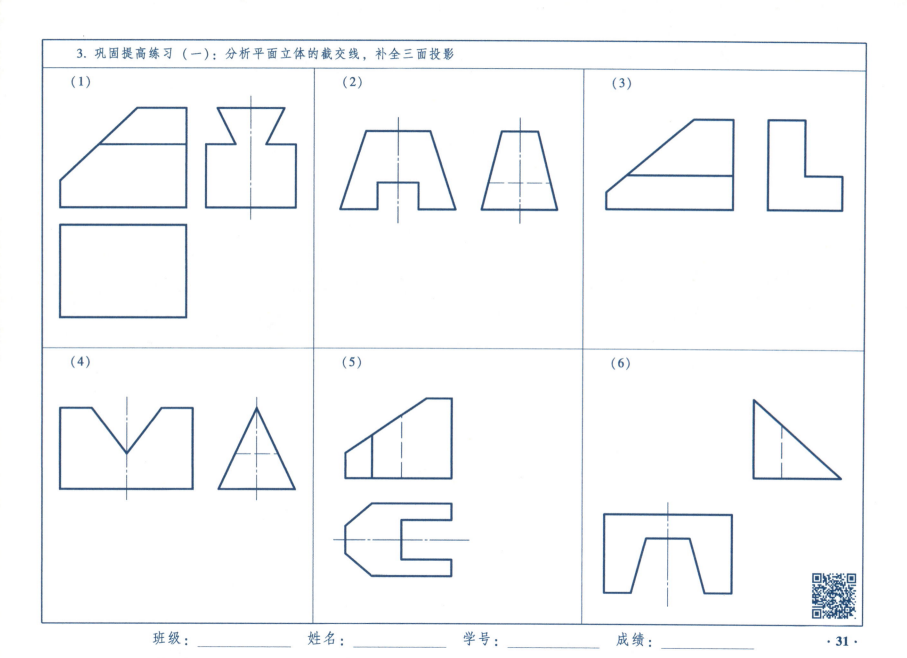

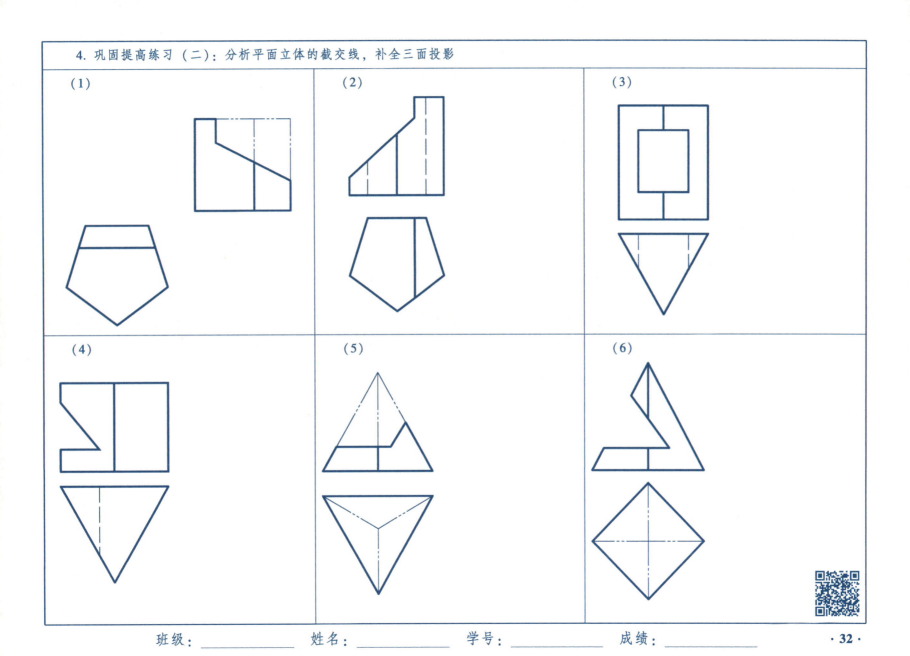

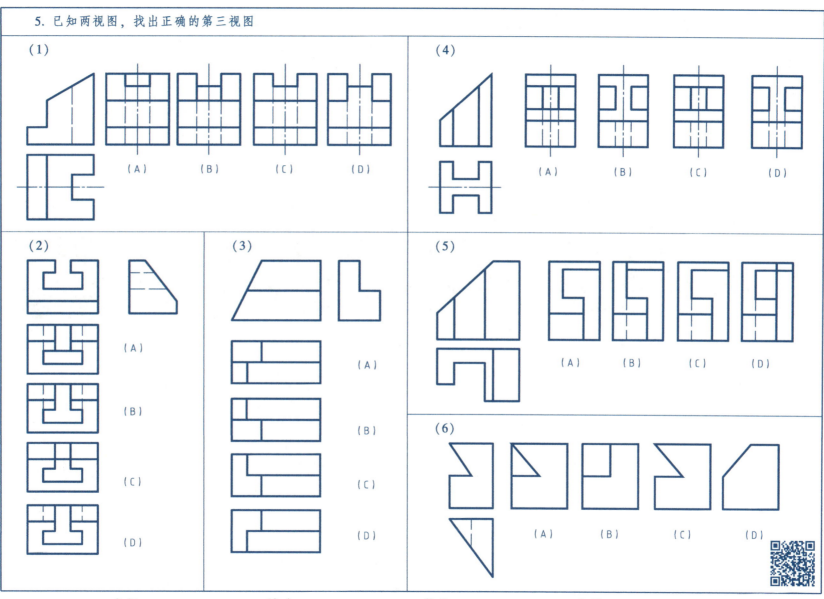

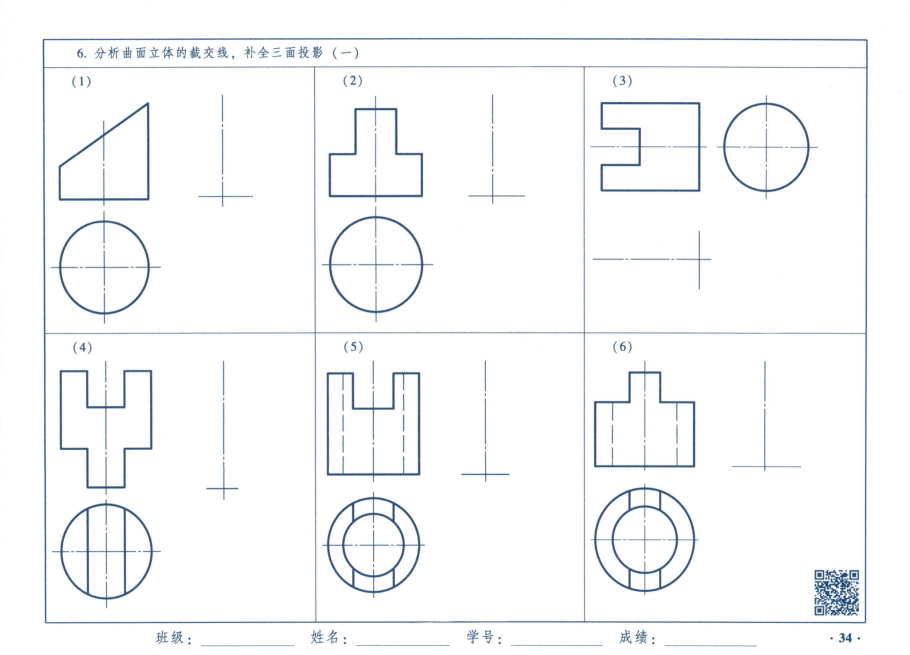

7. 分析曲面立体的截交线，补全三面投影（二）

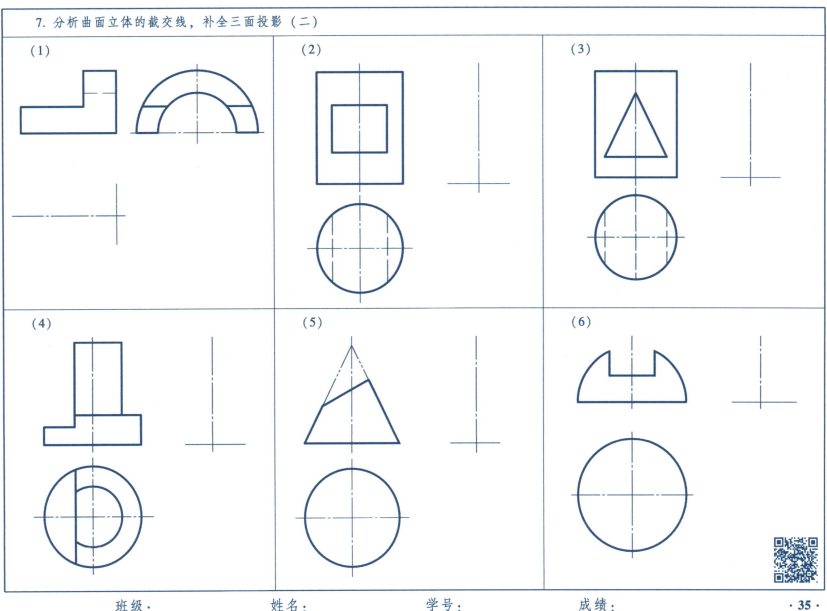

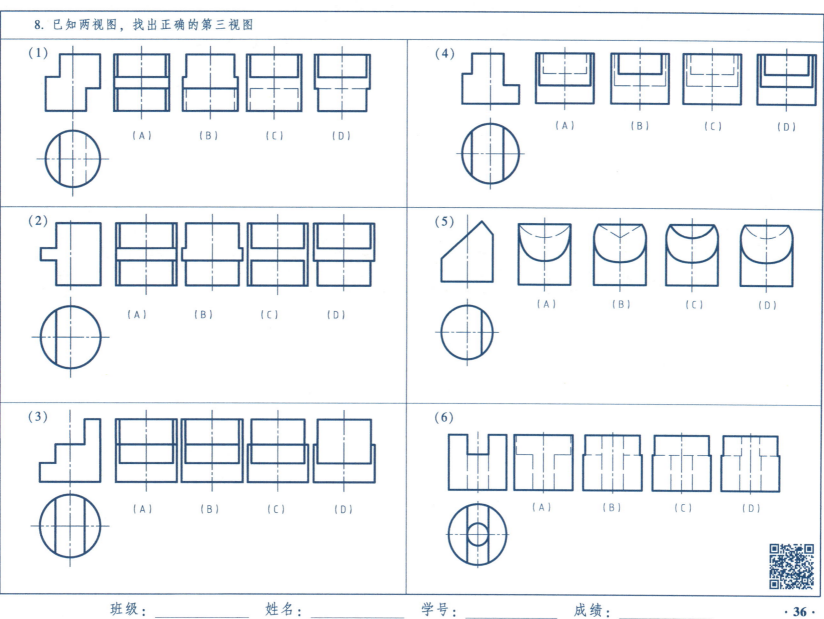

任务 4.2 绘制两回转体表面交线的投影

1. 分析相贯线，补全三面投影（一）：第（1）小题用求点法，其余各题用近似作图法

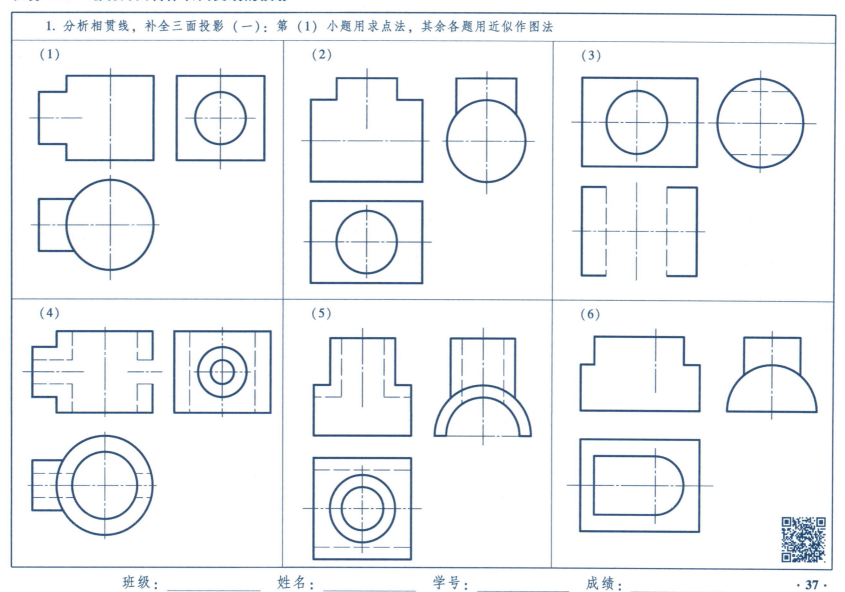

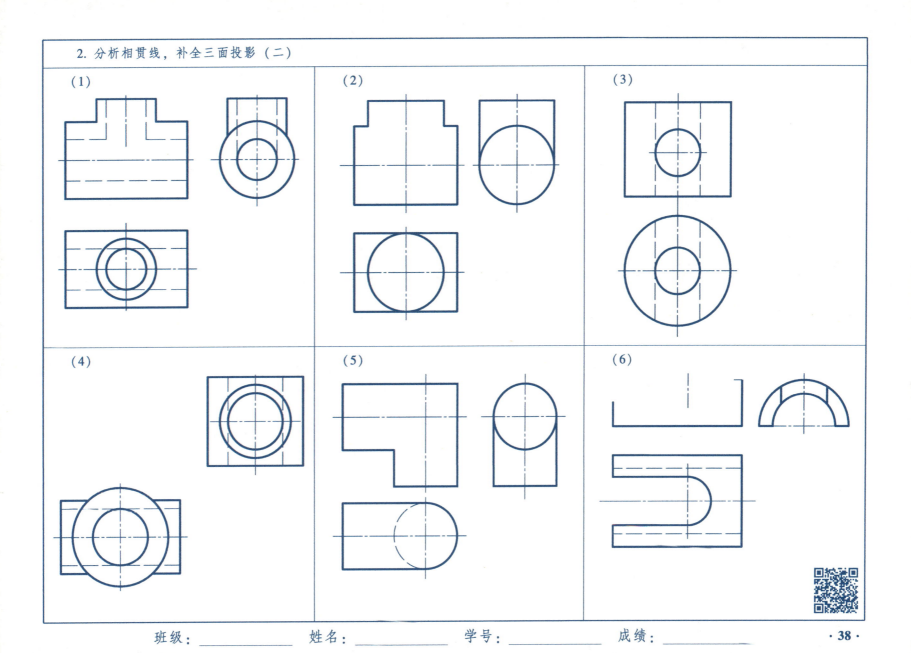

3. 巩固提高练习（一）：分析相贯线，补全三面投影

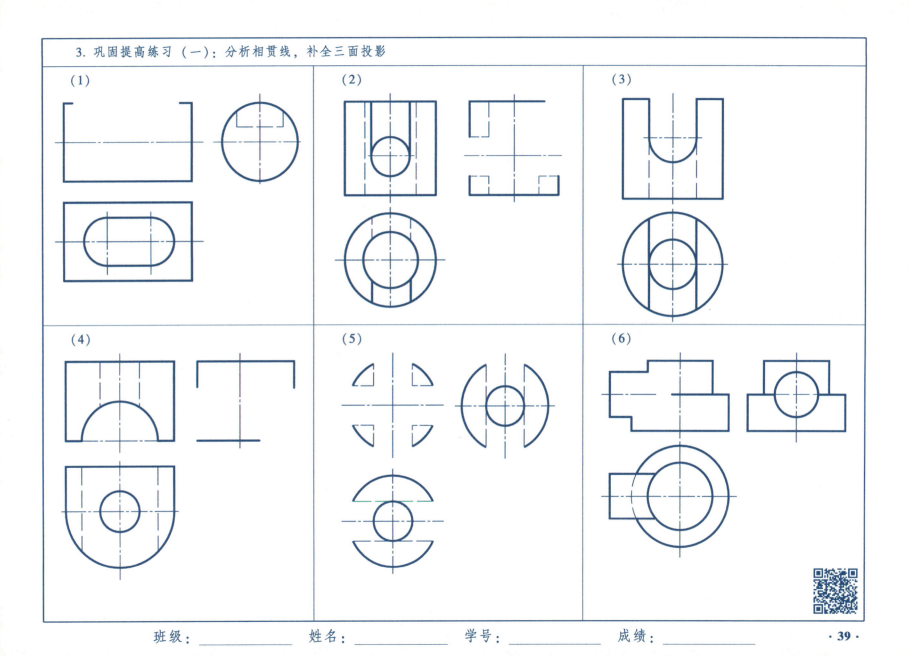

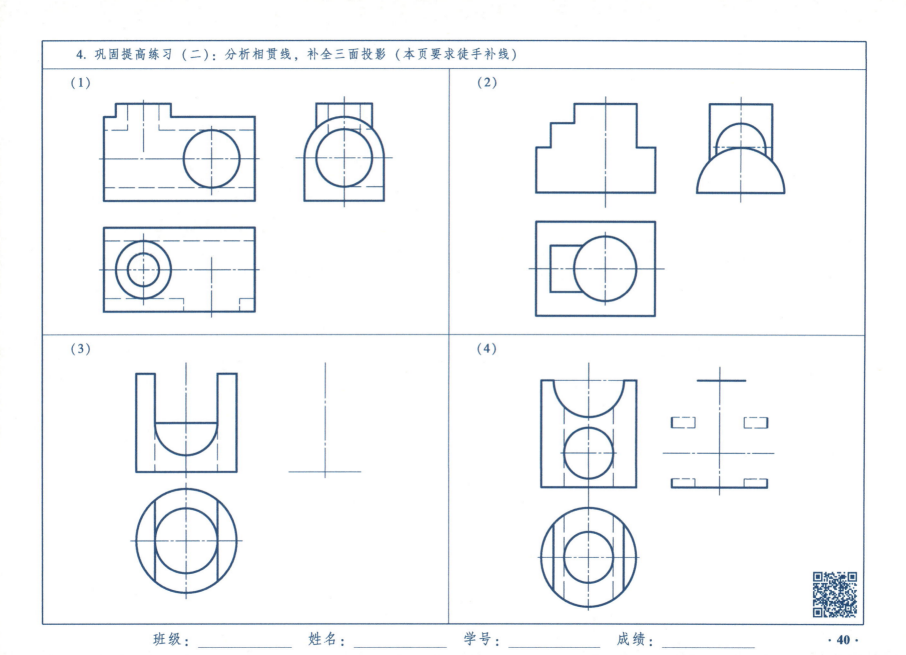

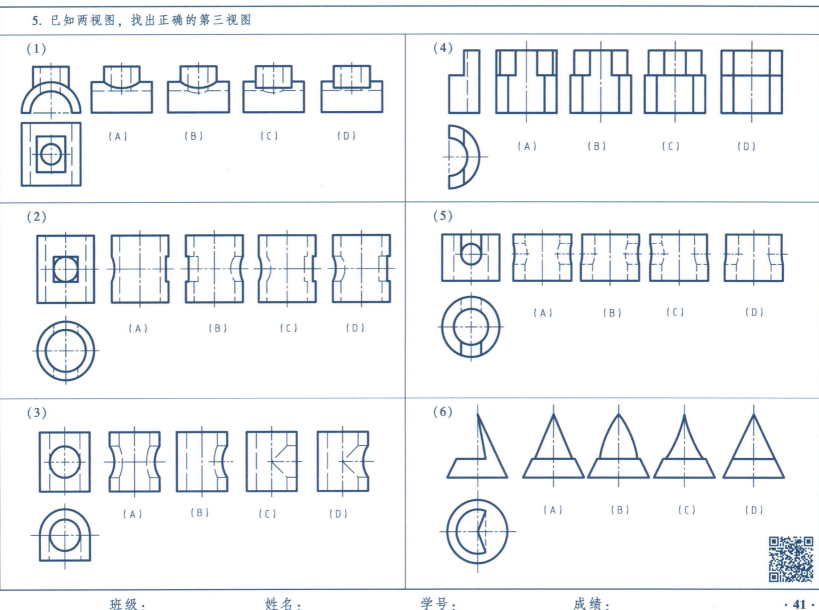

任务 4.3　绘制组合体的三视图

1. 组合体的形体分析：补画视图中的漏线及用"×"标记错误的图线

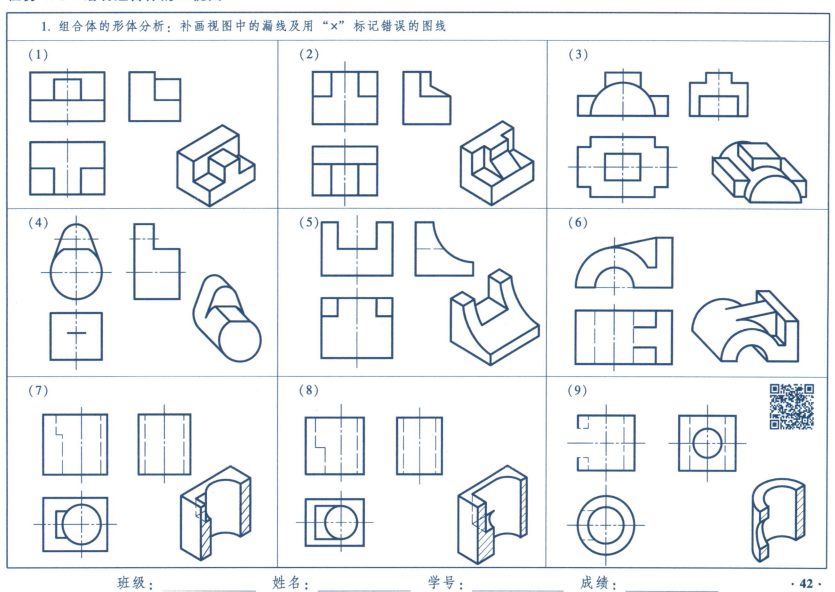

2. 组合体的三视图画法（一）：根据轴测图，按形体分析法画组合体三视图	
(1)	(2)

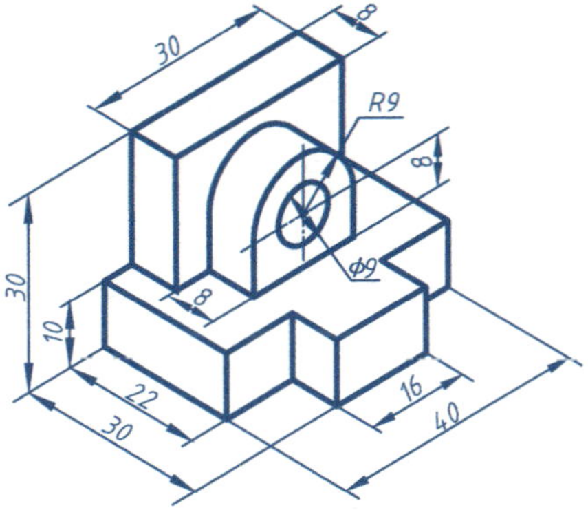

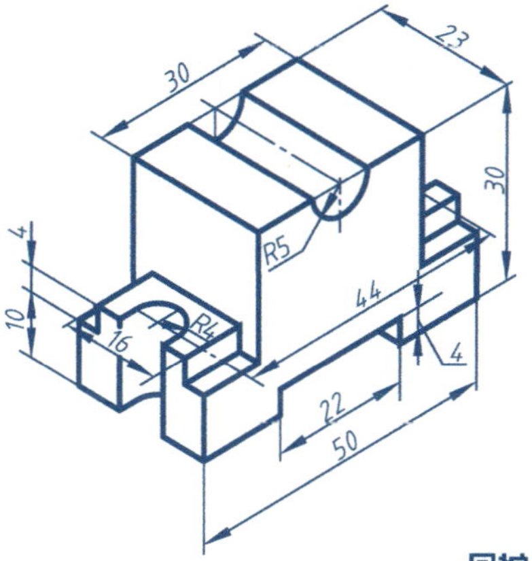

3. 组合体的三视图画法（二）：根据轴测图，按形体分析法画组合体三视图

(1)

(2)

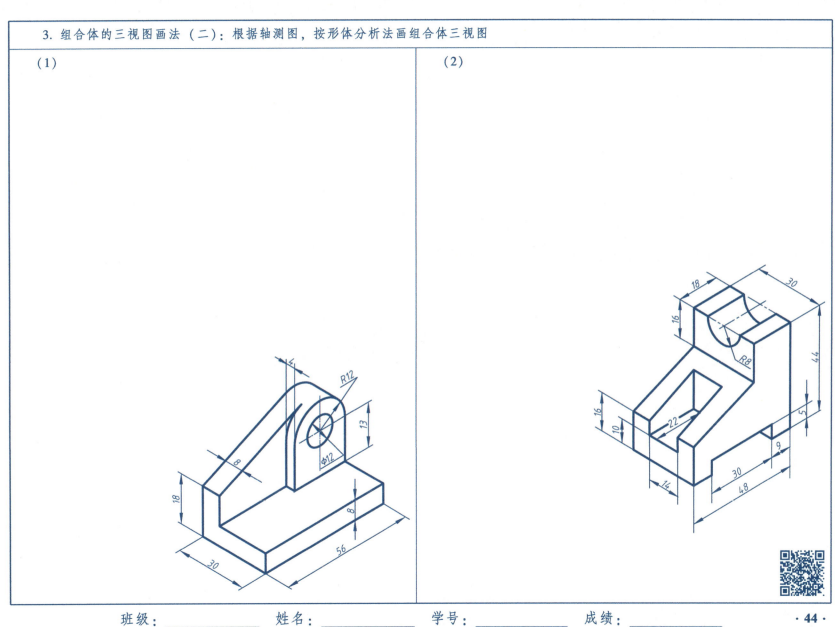

4. 课内专项训练：组合体的三视图画法

（1）目的
1）进一步掌握根据轴测图画组合体三视图的方法，提高绘图技能。
2）继续练习使用绘图仪器和工具。
3）继续练习徒手绘图。
（2）内容及要求
1）根据轴测图画组合体三视图，其中题（4）要求徒手绘制草图。
2）用 A3 或 A4 图纸。
3）自己选定绘图比例。
（3）绘图步骤
1）运用形体分析法弄清组合体的组成部分以及各组成部分之间的相对位置和表面连接关系。
2）选择主视图的投射方向，所选的主视图应能最明显地表达组合体的形状位置特征。
3）按轴测图所注尺寸，布置三个视图位置，画出各视图的基准线。
4）应用形体分析法逐一绘制各组成部分的三视图。
5）校对、描深、加粗、填写标题栏等。
（4）注意点
1）画图前应仔细观察物体的形状，了解形体的特点。
2）注意各组成部分的表面连接关系，正确画出连接处图线。

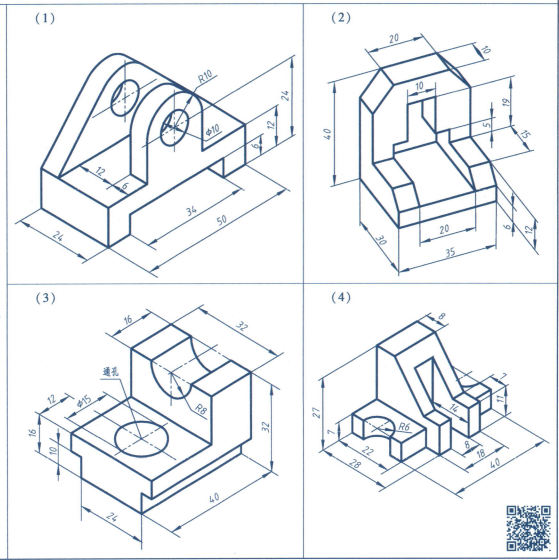

班级：_____ 姓名：_____ 学号：_____ 成绩：_____

任务 4.4　标注组合体的尺寸

1. 组合体的尺寸标注（一）：标注尺寸，尺寸数值按 1∶1 从图中量取整数

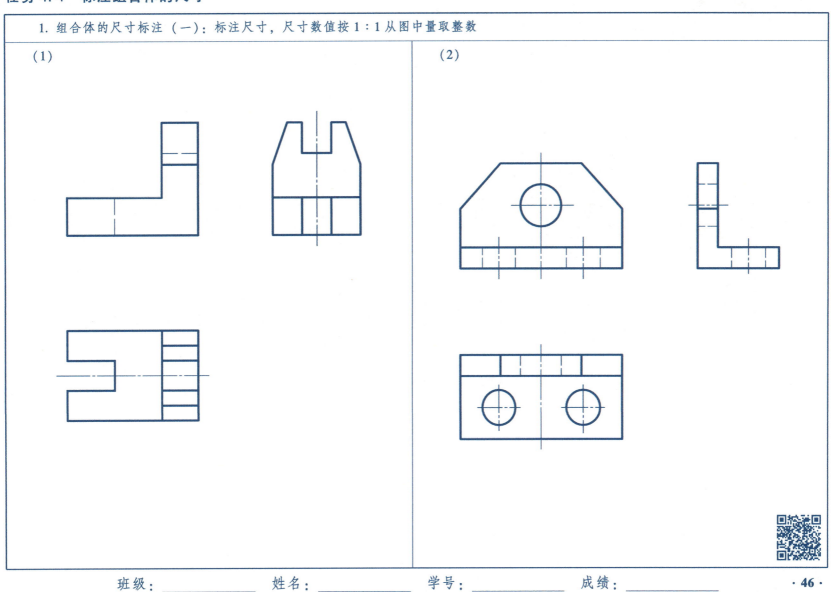

2. 组合体的尺寸标注（二）：标注尺寸，尺寸数值按 1 : 1 从图中量取整数

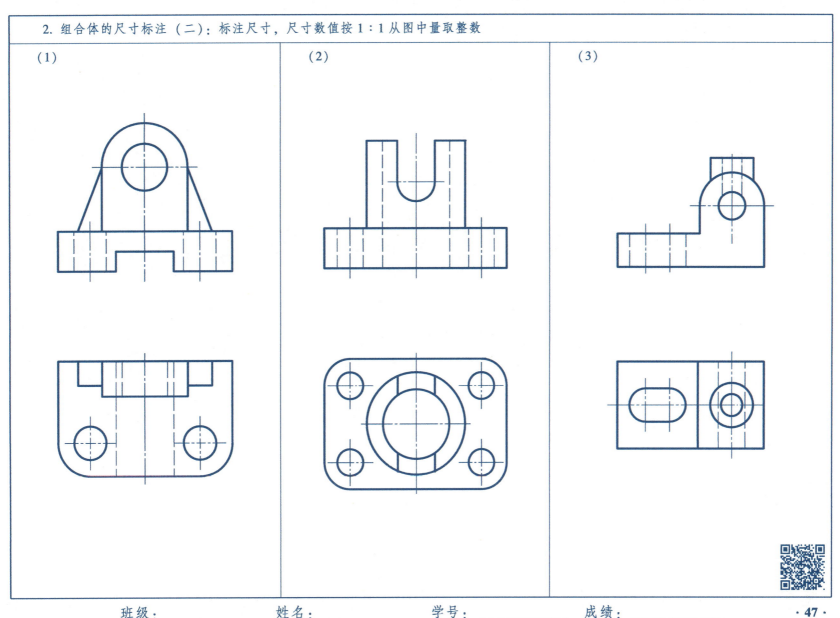

任务 4.5　绘制组合体的轴测图

1. 绘制组合体轴测图（一）：题（1）、（2）、（3）绘制正等轴测图，题（4）要求徒手绘制草图，并绘制斜二测图

(1)

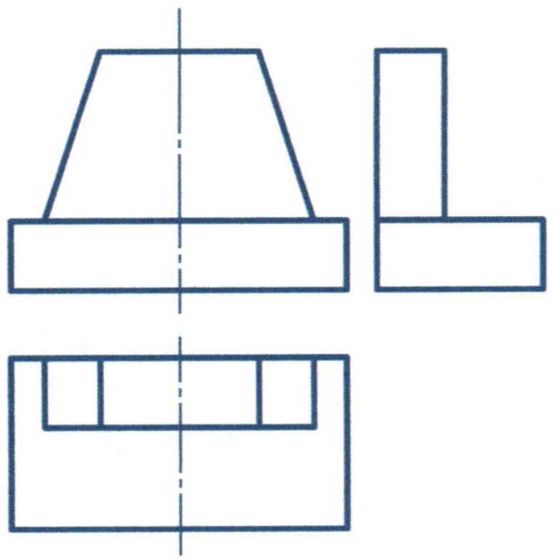

(2)

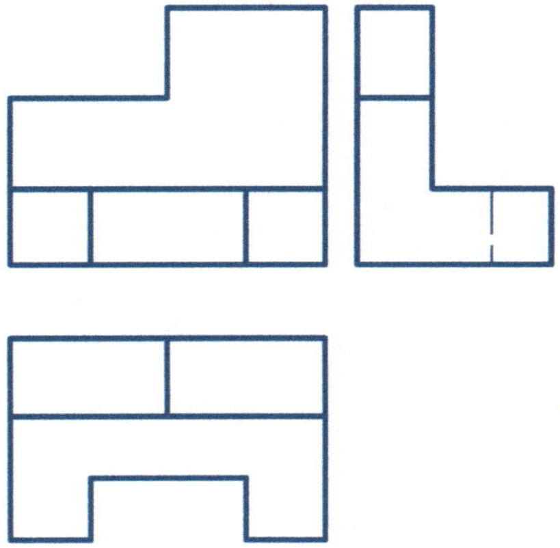

(3)

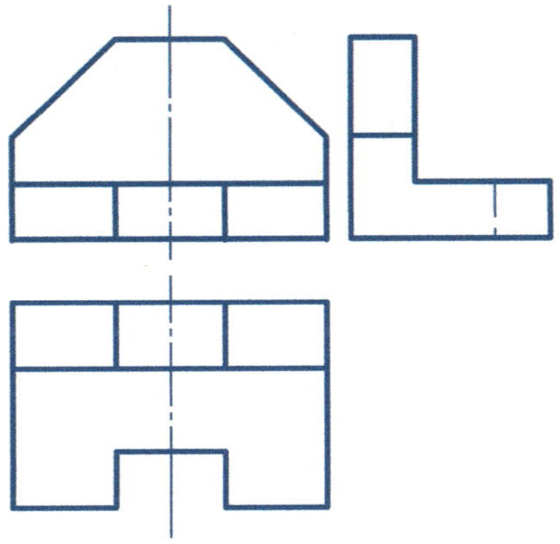

(4)

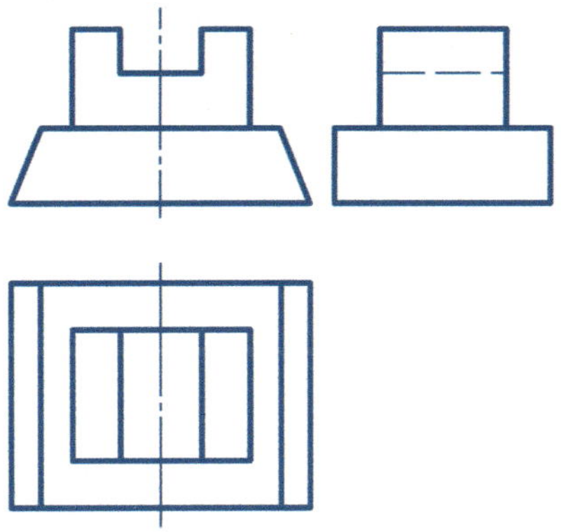

班级：_____　　姓名：_____　　学号：_____　　成绩：_____

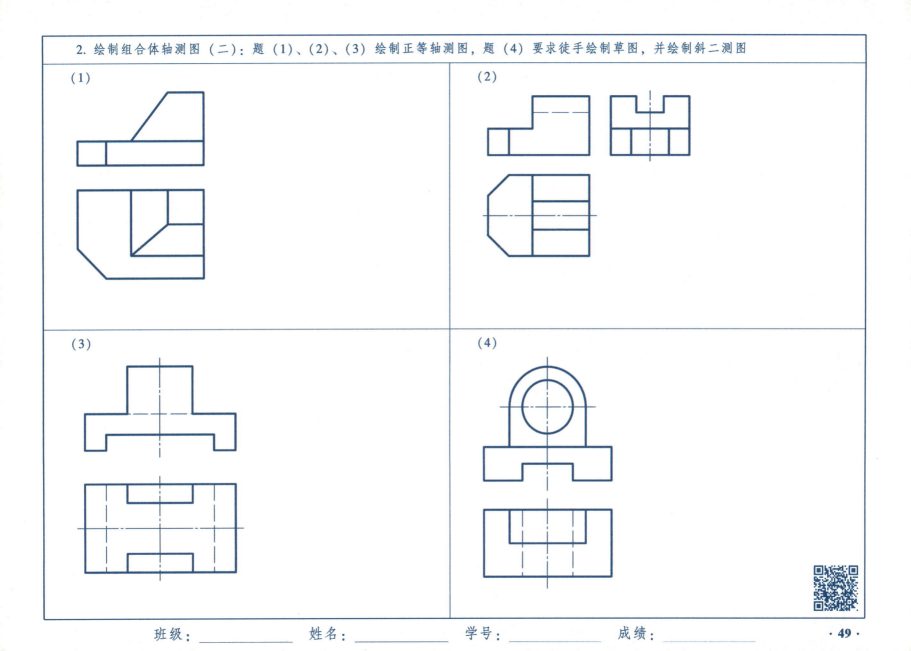

3. 课内专项训练：绘制组合体轴测图

（1）目的
1）掌握绘制组合体轴测图的方法，提高绘图技能。
2）继续练习使用绘图仪器和工具。
（2）内容及要求
1）根据组合体视图绘制正等轴测图。其中题（4）要求徒手绘制草图，并绘制成斜二测图。
2）用 A4 图纸。
（3）绘图步骤
1）根据组合体视图确定轴测轴和轴间角。
2）按形体分析法画图，先画基本形体，然后从大的形体着手，由小到大，采用叠加或切割的方法逐步完成。
3）用粗实线画出物体的可见轮廓。为了使画出的轴测图具有更强的空间立体感，通常不画出物体的不可见轮廓线，但在必要时，可把虚线画出。
（4）注意点
1）画图前应仔细观察视图，了解形体特点，确定轴测轴和轴间角。
2）轴测轴按表达清晰和作图方便来安排，而 Z 轴常画成铅垂位置。
3）绘制组合体轴测图时，通常采用切割法和叠加法。
4）轴测投影的可见性比较直观，对不可见的轮廓可省略虚线，在轴测图上形体轮廓能否被挡住要作图判断，不能凭感觉绘图。
5）注意丁字尺与三角板的正确配合使用。

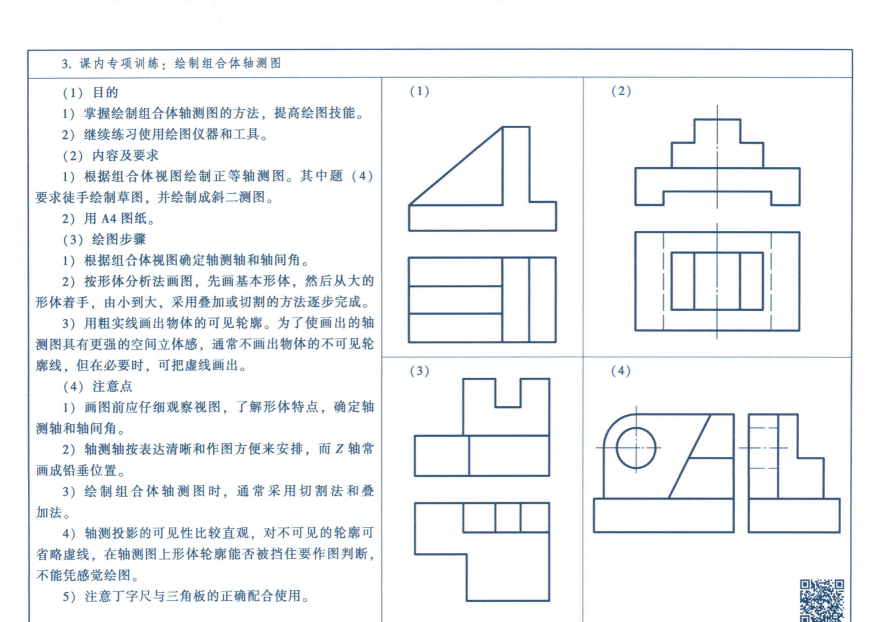

任务 4.6 读组合体三视图

1. 根据两视图补画第三视图（一）

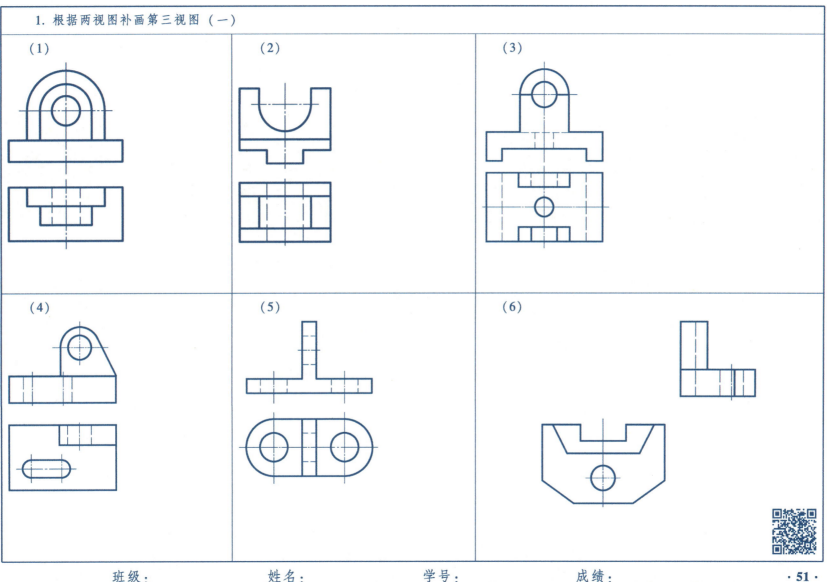

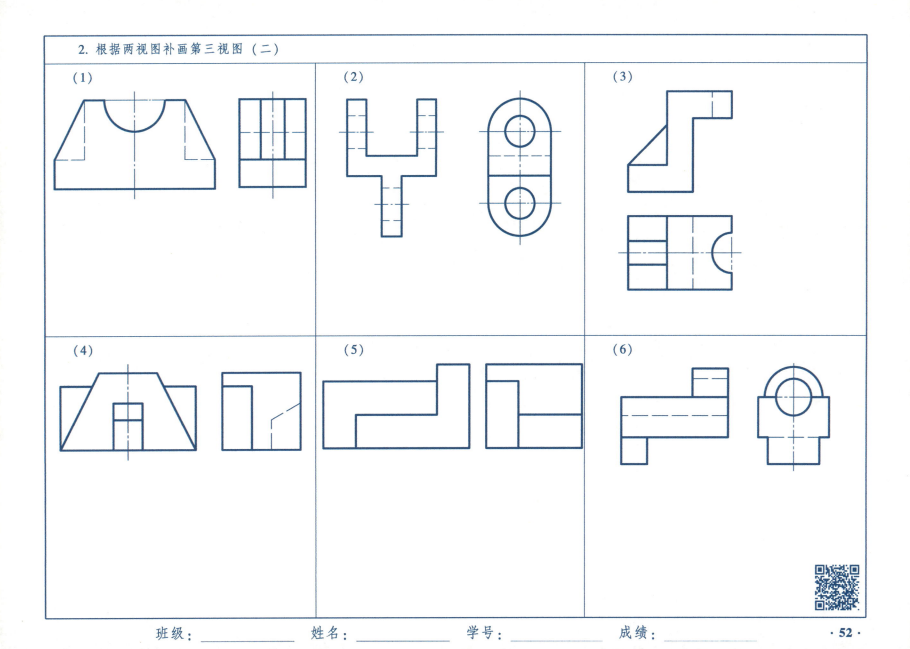

3. 补画三视图中的漏线

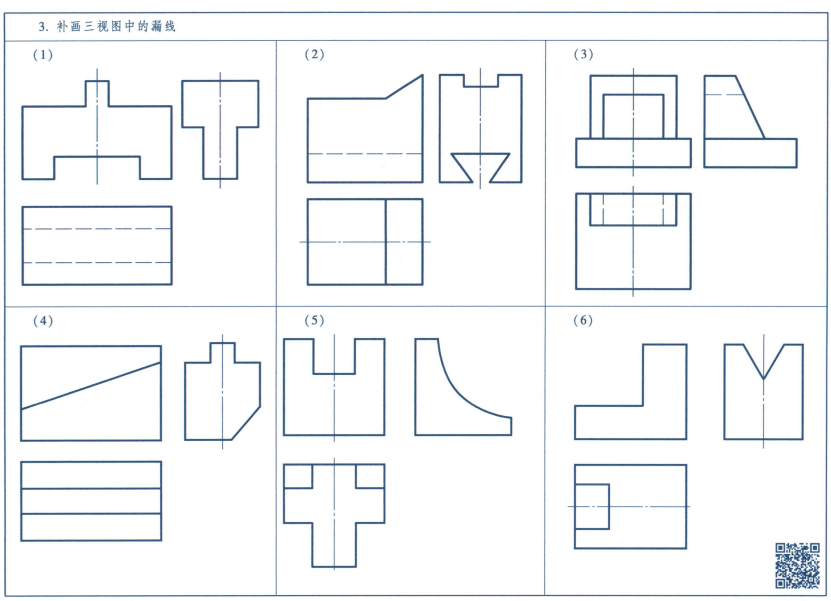

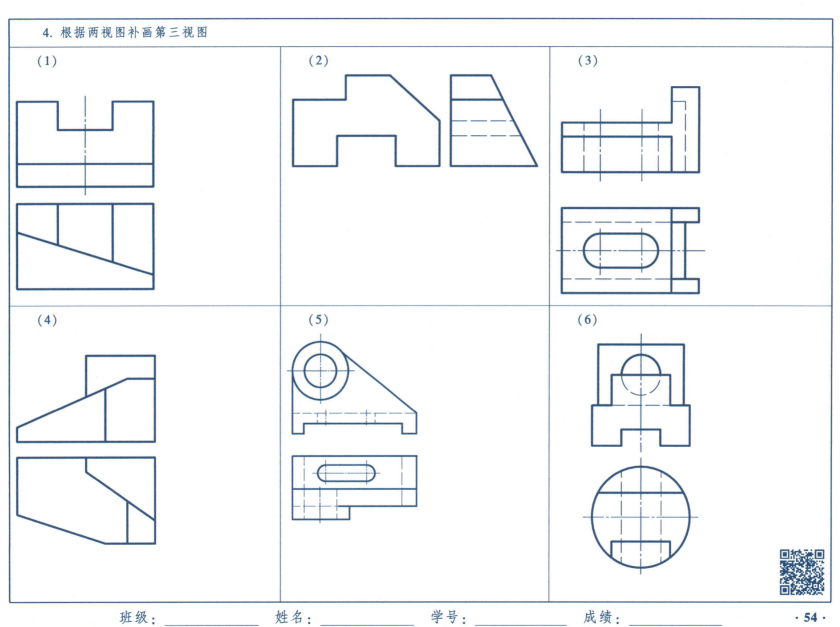

5. 补画三视图中的漏线

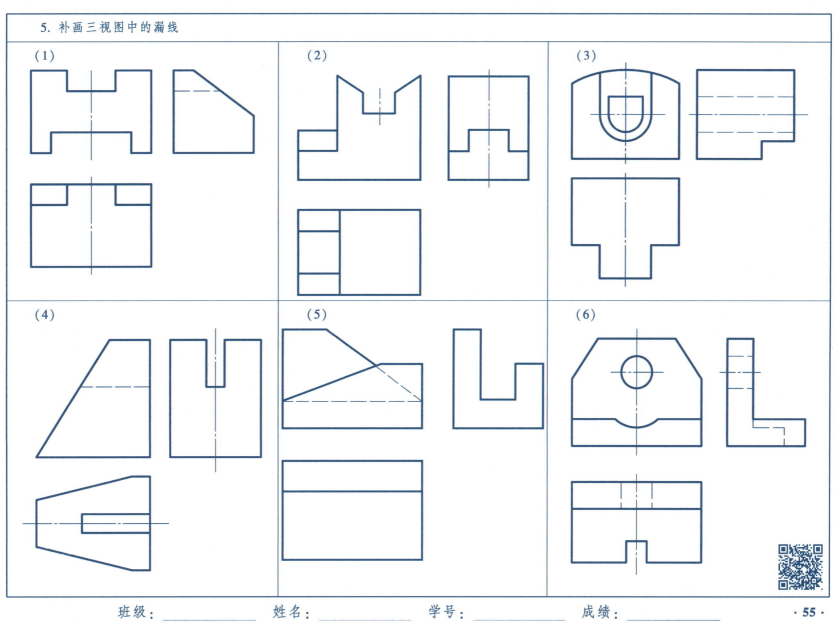

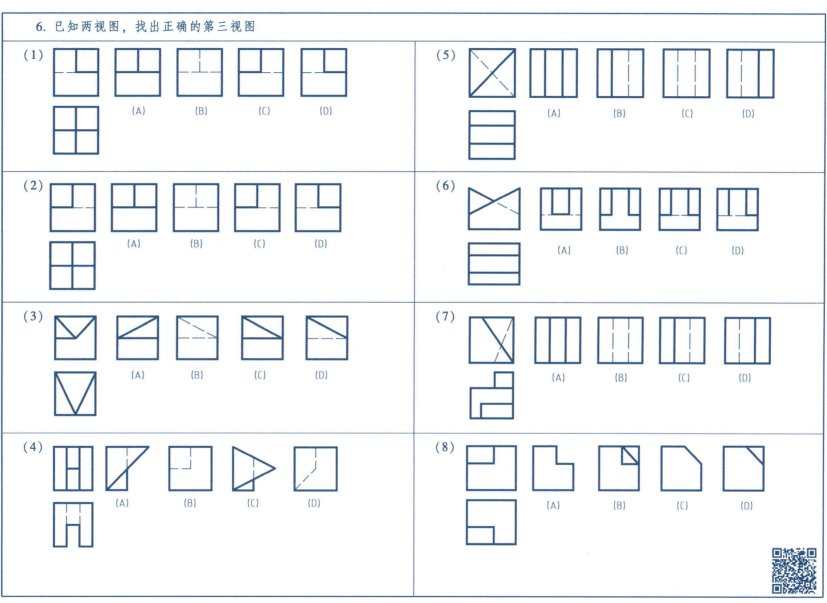

读组合体三视图自测题

补画三视图中的漏线或补画三视图中所缺视图

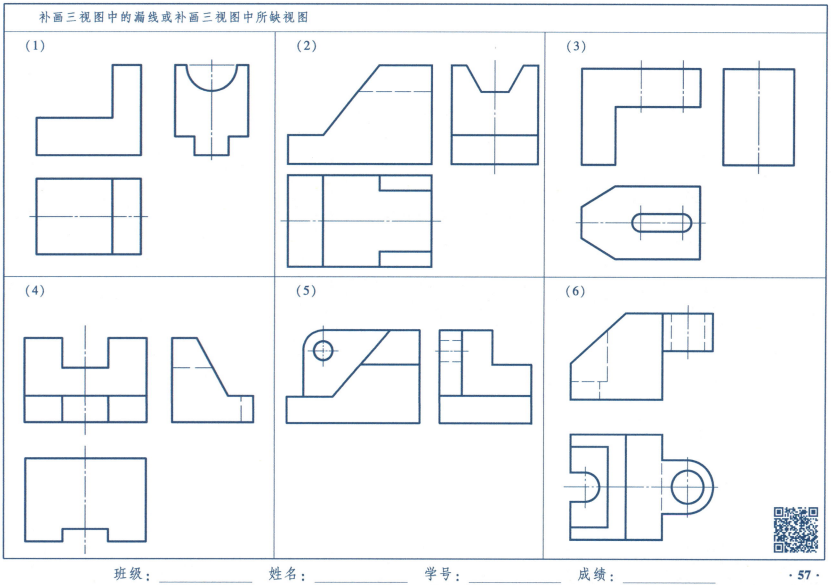

项目 5　表达零件的结构形状

任务 5.1　表达零件的外部结构形状

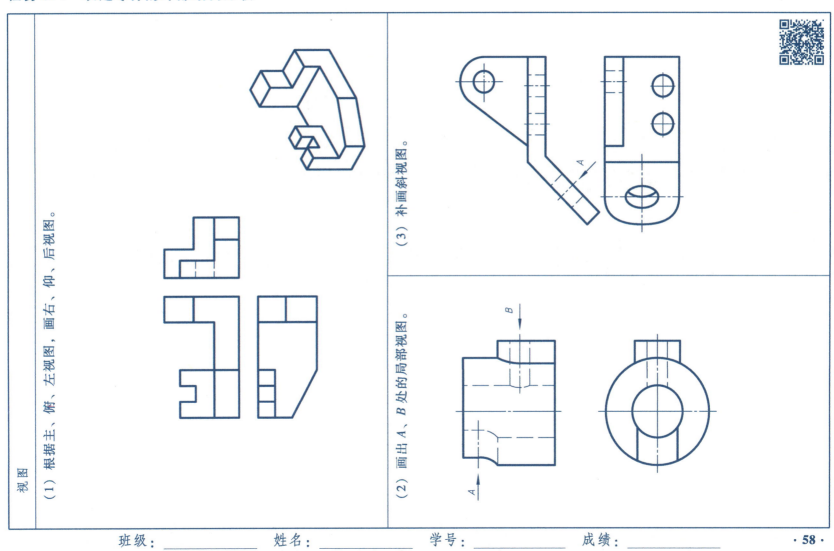

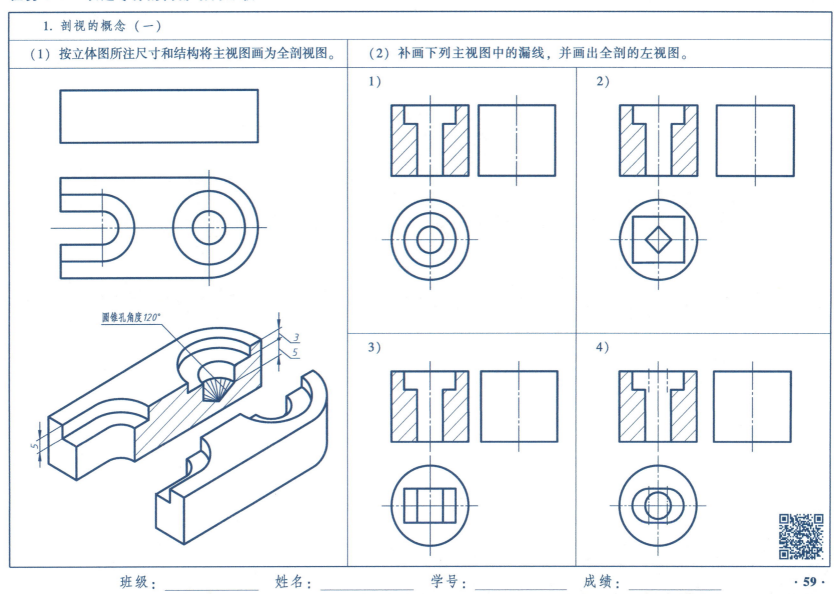

2. 剖视的概念（二）：在指定位置改画主视图为全剖视图，并画出全剖的左视图

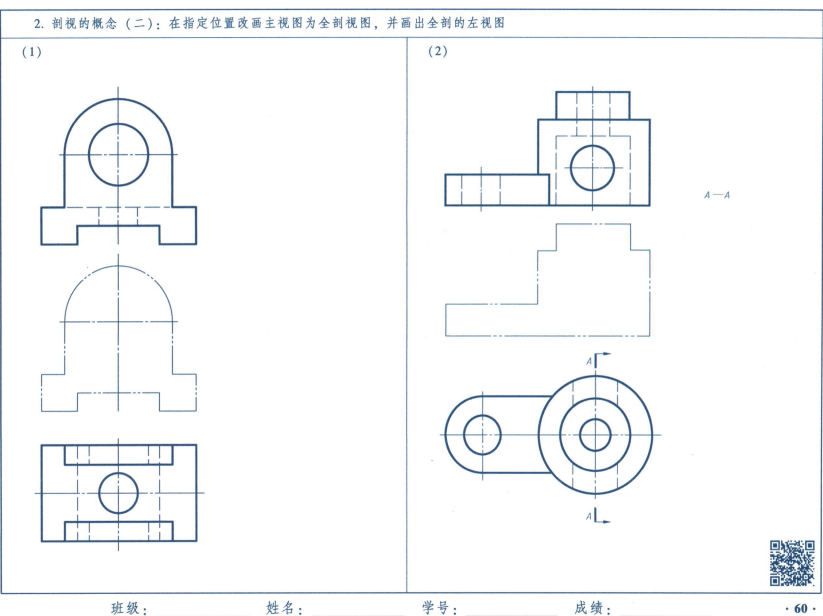

3. 剖切面

(1) 用相交的剖切平面将主视图改画为剖视图，并按规定标注。

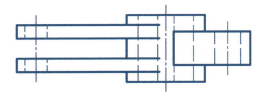

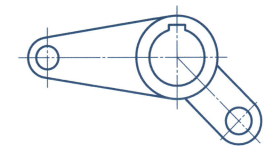

(2) 用平行的剖切平面将主视图改画为剖视图，并按规定标注。

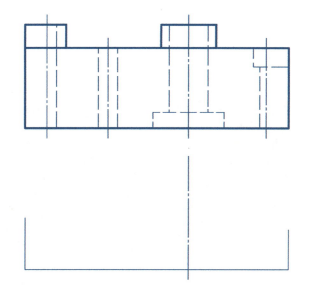

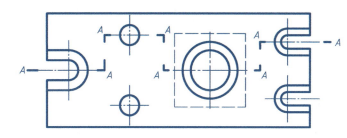

4. 巩固提高练习：剖切面

根据已知视图，画出指定剖切位置的全剖视图。

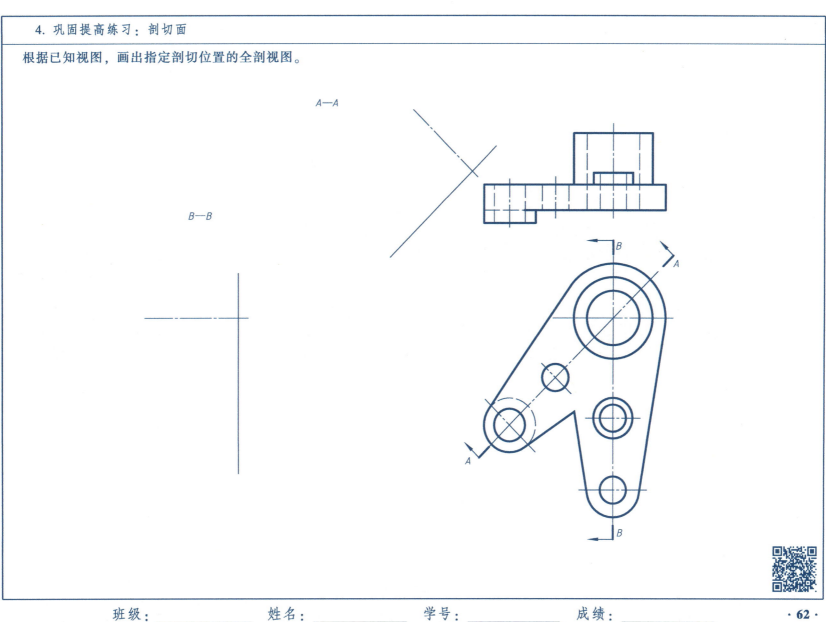

5. 剖视图的种类（一）

（1）改画主视图为半剖视图，并画出全剖的左视图。

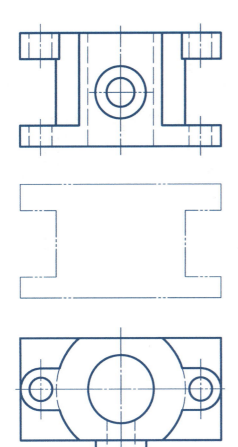

（2）改画主视图为全剖视图，并画出半剖的左视图。

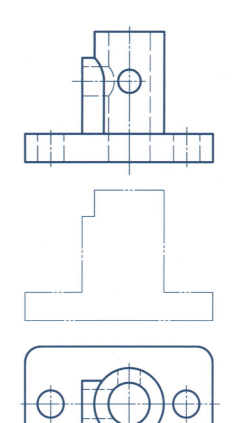

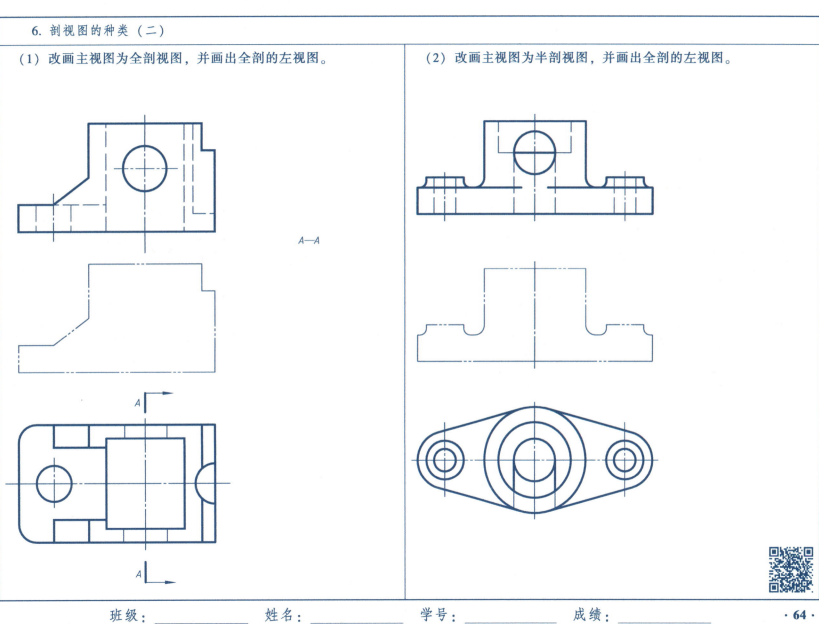

7. 剖视图的种类（三）

（1）改画主视图为半剖视图和局部剖视图，并画出全剖的左视图。

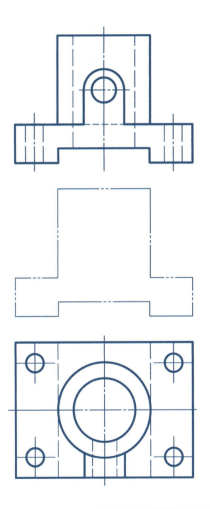

（2）改画主视图为半剖视图，并画出全剖的左视图。

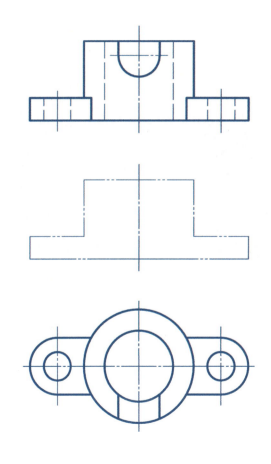

任务 5.3 表达零件的断面形状

1. 断面图练习（一）：找出正确的断面图（在正确的断面图处打"√"）

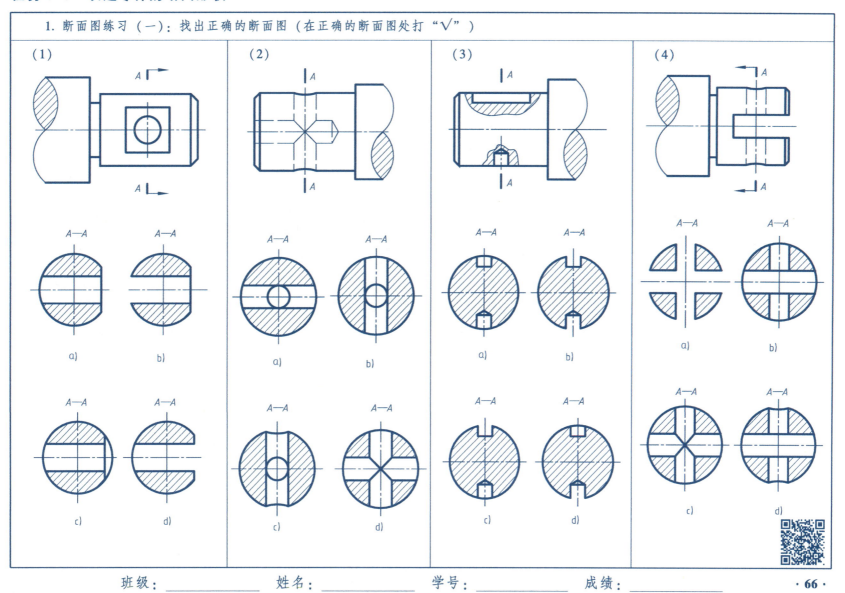

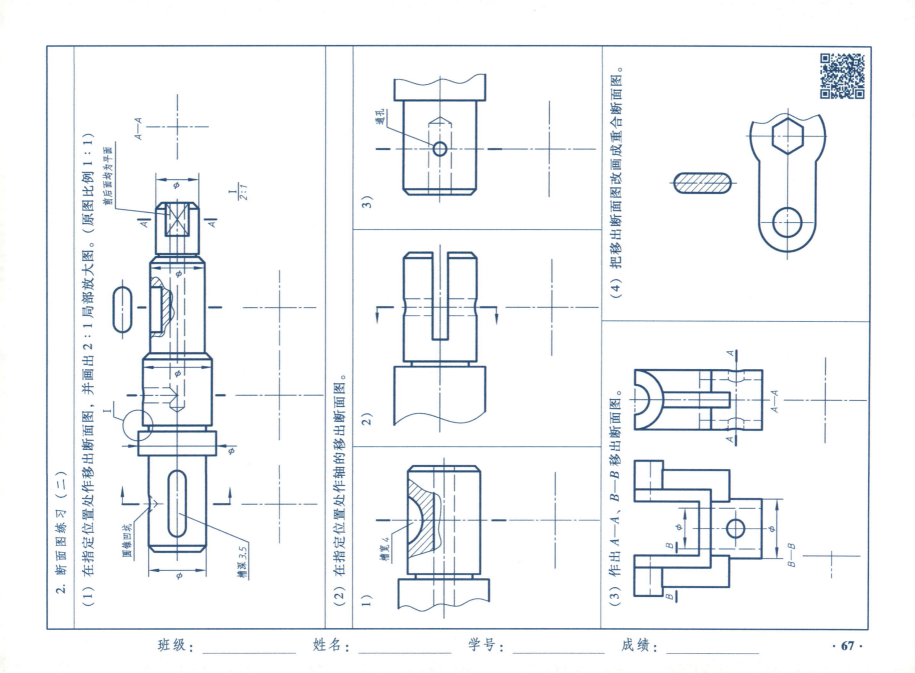

任务5.4 其他表达方法

1. 规定画法、简化画法和断面图（一）：改正全剖的主视图和断面图中的错误画法

(1)

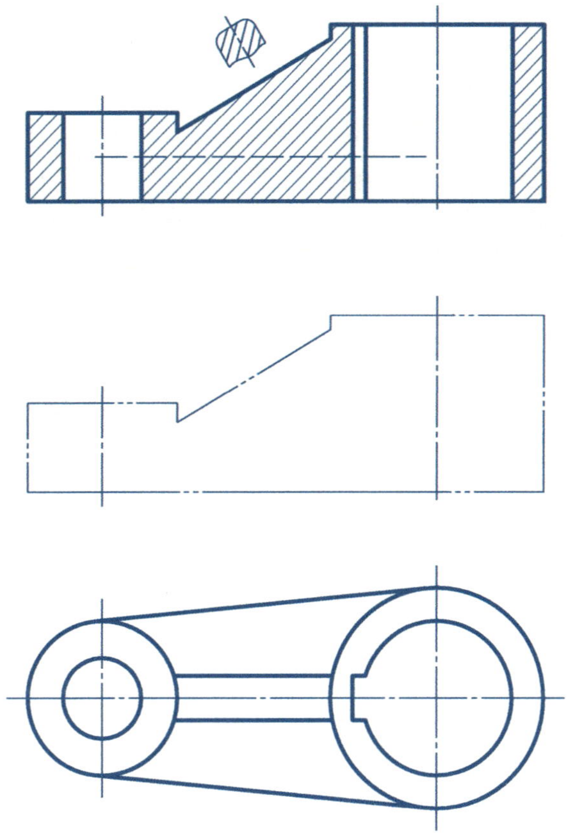

(2)

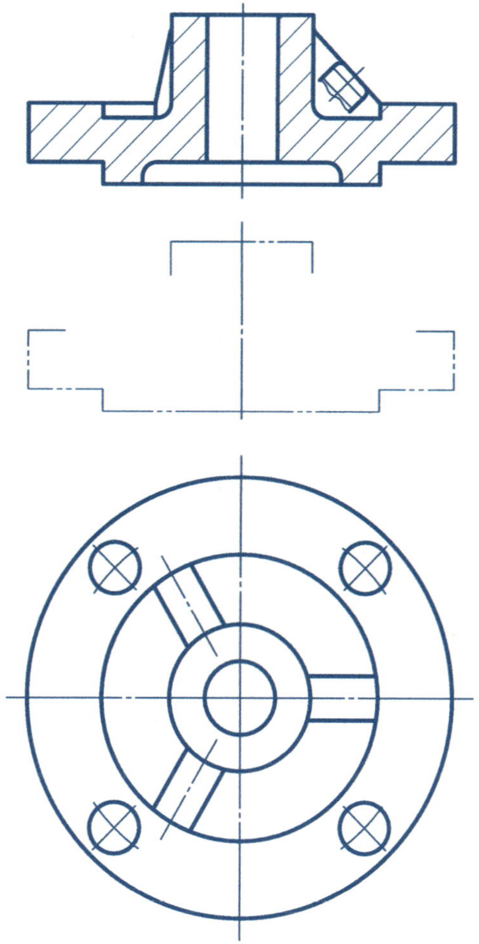

班级：_____ 姓名：_____ 学号：_____ 成绩：_____

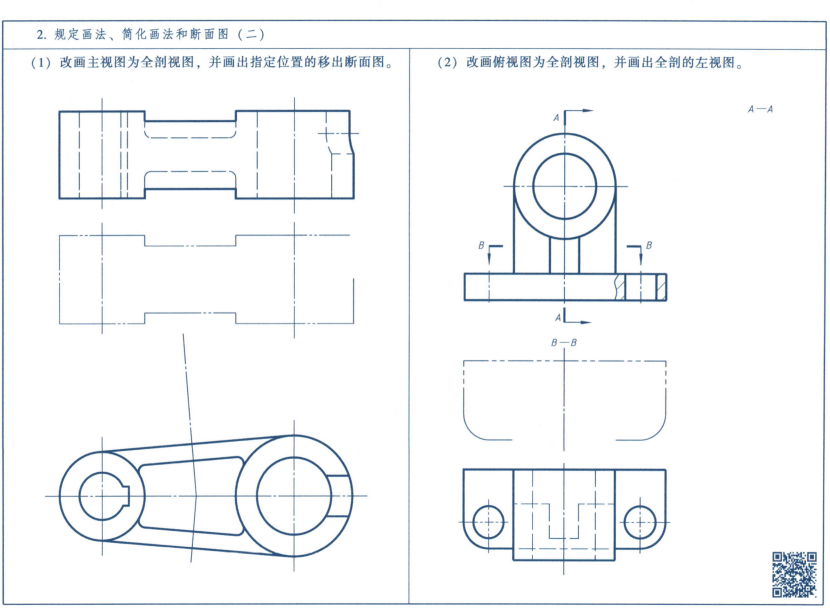

剖视图画法自测题

在指定位置改画主视图为全剖视图，并画出全剖的左视图

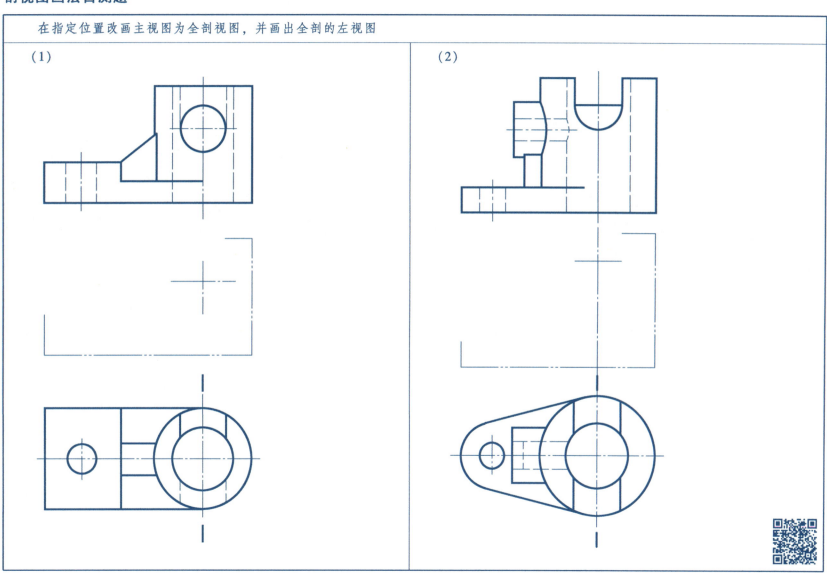

任务 5.5 确定零件的表达方案

课内专项训练：绘制剖视图

(1) 目的
1) 进一步掌握视图、剖视图的画法和尺寸标注方法。
2) 提高形体分析和结构分析能力。
3) 提高选用合适的图样画法表示机件结构的能力。
4) 继续练习使用绘图仪器和工具。

(2) 内容及要求
1) 根据三视图用合适的图样画法表达机件。
2) 标注尺寸。
3) 用 A4 或 A3 图纸，自定比例绘制。

(3) 绘图步骤
1) 运用形体分析法看清物体内、外形状，适用合适的表达方法。
2) 选择主视图的投射方向，所选的主视图应能最明显地表达形体的形状位置特征。
3) 按三视图所注尺寸，布置各视图的位置（注意视图之间预留标注尺寸的位置），画出各视图的基准线。
4) 应用形体分析法绘制各图形。
5) 标注尺寸（注意不能完全照抄三视图所注尺寸）。
6) 校对、描深、加粗图样、填写标题栏。

(4) 注意点
1) 剖视图应直接画出，不应先画成视图后再改成剖视图。
2) 剖面线一般不应画底稿线，在描深时一次画成，各剖视图的剖面线的方向和间隔应保持一致。
3) 注意区分剖切位置和剖视图名称是否应标注，若需标注，应如何标注。
4) 标注尺寸仍按形体分析法，并应合理选择尺寸基准。
5) 剖视图上的尺寸布置，应注意与组合体视图尺寸标注的区别（如半剖视图中的半标注、回转体尺寸标注在非圆视图上等）。

(1)
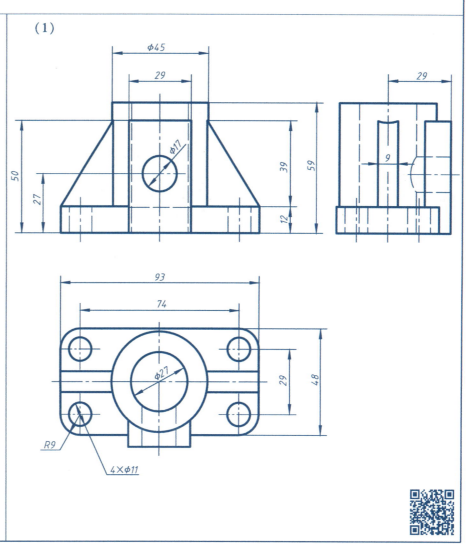

课内专项训练：绘制剖视图（续）

(2)

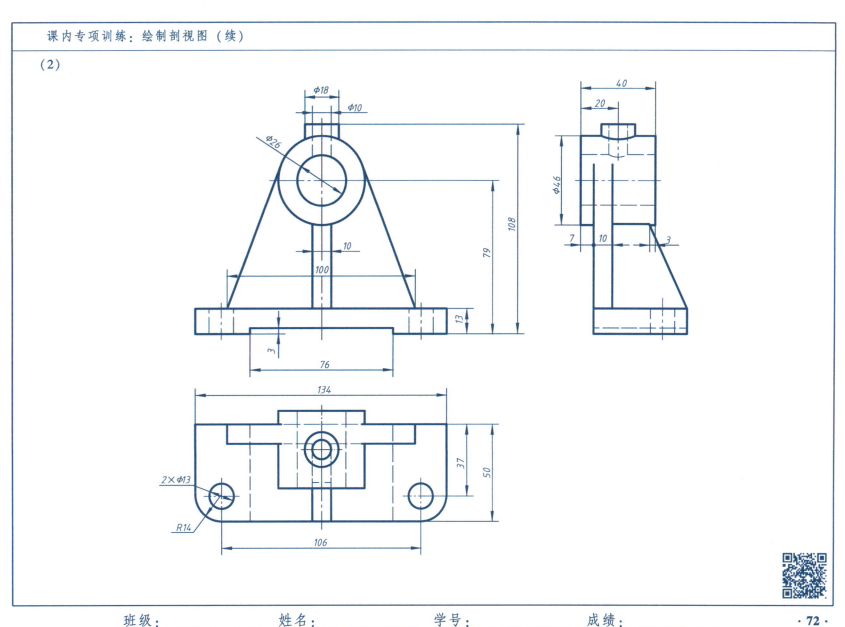

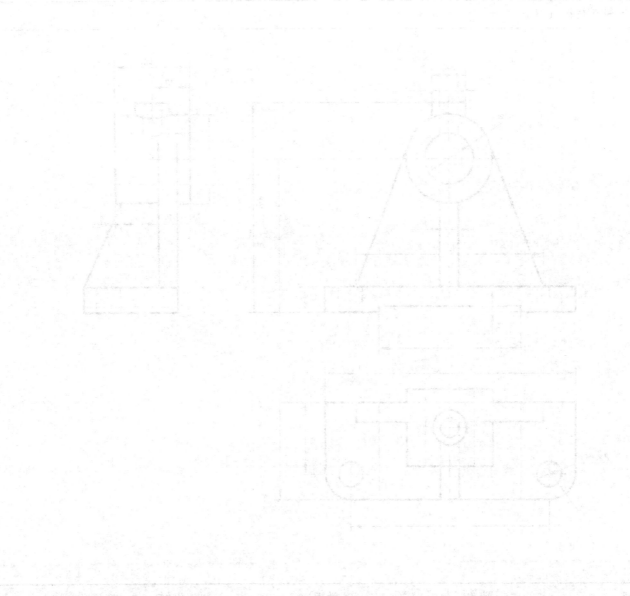

项目 6　标准件及常用件

任务 6.1　绘制螺纹及螺纹紧固件连接图

1. 绘制螺纹及螺纹连接图		
（1）补画轴左端的螺纹轴，螺纹标记为 M20×1，轴长为 24mm，螺纹长度为 20mm，倒角 C2。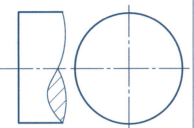	（2）补画所缺通孔内螺纹，螺纹标记为 M16-6H-L-LH，两端倒角 C1。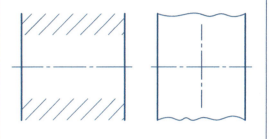	（3）补画不通孔内螺纹，孔深 26mm，螺纹标记为 M16，螺纹深度为 18mm，左端倒角 C1。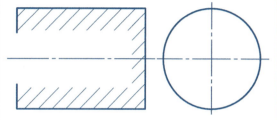
（4）分析螺纹画法的错误，在其下方画出正确的图形。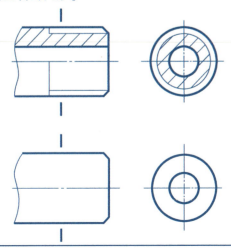	（5）分析螺纹连接画法的错误，在其下方画出正确的图形。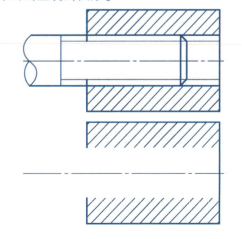	（6）分析螺纹连接画法的错误，在其右方画出正确的图形。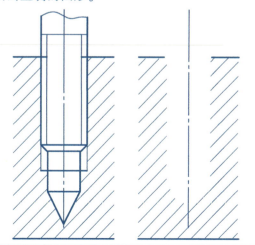

2. 按要求标注螺纹代号

（1）普通细牙螺纹，大径24mm，螺距2mm，单线，中径、顶径公差带代号分别为5g、6g，右旋。	（2）普通螺纹，大径24mm，螺距1.5mm，单线，中径、顶径公差带代号均为5H，长旋合长度，左旋。	（3）梯形螺纹，公称直径 d = 36mm，导程12mm，螺距6mm，双线，中径、顶径公差带代号均为7h，中等旋合长度，右旋。
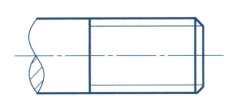	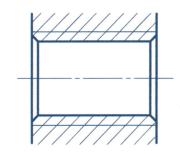	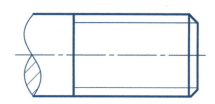
（4）55°非密封管螺纹，尺寸代号1，公差等级为A级，右旋。	（5）55°密封管螺纹：圆锥内螺纹，尺寸代号为3/4，左旋。	（6）55°密封管螺纹：与圆锥内螺纹相配合的圆锥外螺纹，尺寸代号为1/2，右旋。
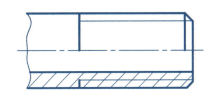	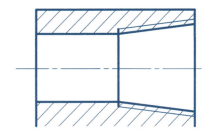	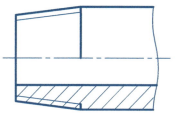

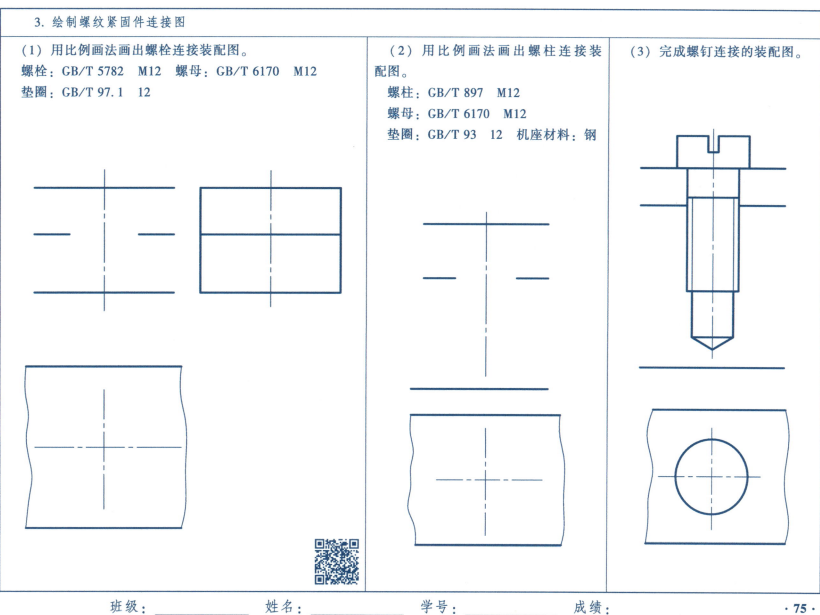

任务 6.2 绘制齿轮

1. 绘制单个齿轮：已知标准直齿圆柱齿轮模数 $m=3$mm，$z=30$，计算确定各部分尺寸画其两视图，并标注齿顶圆、分度圆直径

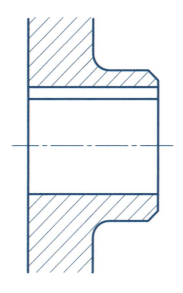

分度圆直径 $d=$

齿顶圆直径 $d_a=$

齿根圆直径 $d_f=$

班级：_____ 姓名：_____ 学号：_____ 成绩：_____

2. 绘制齿轮啮合图：已知标准直齿圆柱齿轮模数 $m=3$mm，$z_1=20$，另一小齿轮 $z_2=14$，孔径为 18mm，两轮宽度相等，中心距 $a=51$mm

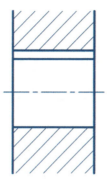

任务 6.3 绘制键及销连接

绘制键和销连接

（1）已知轮孔径 $\phi22$mm，查手册画平键槽并标注键槽尺寸。

（2）已知轴径 $\phi22$mm，查手册画轴键槽并标注键槽尺寸。

（3）根据第（1）、（2）题意，画其普通平键联接图（轮紧靠阶梯轴肩），并作 B—B 剖视图。

（4）用销 GB/T 117—2000 8×50 画销联接图。

班级：_____ 姓名：_____ 学号：_____ 成绩：_____

任务 6.4 绘制滚动轴承和弹簧

绘制滚动轴承和弹簧	
（1）在轴肩处按规定画法画出滚动轴承 6305 GB/T 276—2013。	（2）已知圆柱螺旋压缩弹簧的弹簧丝直径 $d=6$mm，弹簧中径 $D=50$mm，节距 $p=12$mm，自由高度 $H_0=80$mm，右旋。按 1∶1 的比例画出弹簧的全剖视图。

班级：_____ 姓名：_____ 学号：_____ 成绩：_____

标准件、常用件自测题

1. 完成标准件、常用件绘制（一）

（1）补画轴左端的螺纹轴并标注螺纹尺寸，螺纹标记为 M20-5g6g-LH，轴长为 35mm，螺纹长度为 30mm，倒角 C2。

（2）补画不通孔内螺纹并标注螺纹尺寸，孔深 32mm，螺纹标记为 M16×1-6H5H-LH，螺纹深为 25mm，右端倒角 C1。

（3）分析螺纹连接画法的错误，在其下方画出正确的图形。

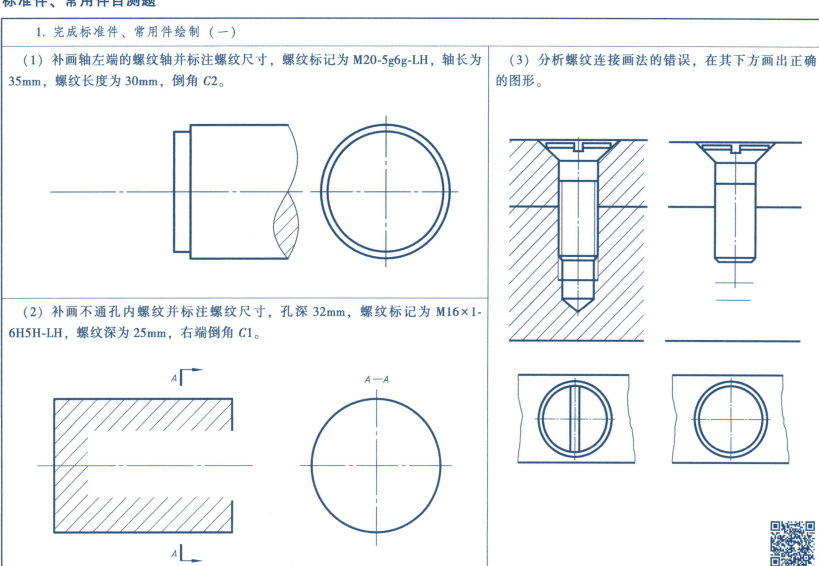

班级：_____ 姓名：_____ 学号：_____ 成绩：_____

2. 完成标准件、常用件绘制（二）

（1）在轴肩处按规定画法画出滚动轴承 30205 GB/T 297—1994。

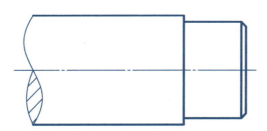

（2）已知标准直齿圆柱齿轮的模数 $m=1.5$，齿数 $z=32$，完成主、左视图。

（3）用比例画法补全螺栓连接三视图。

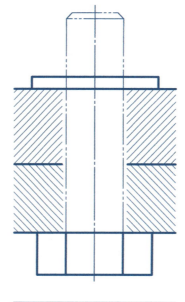 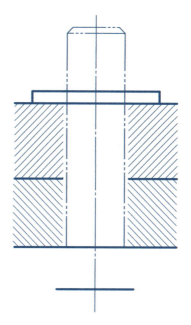

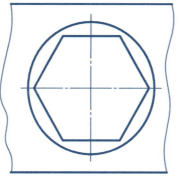

项目7 标注零件的尺寸和技术要求

任务7.1 标注零件的尺寸和尺寸极限与配合

1. 尺寸极限与配合的标注（一）

(1) 填表：

			公称尺寸	上极限尺寸	下极限尺寸	上极限偏差	下极限偏差	公差	公差带图
$\phi 50 \dfrac{H7}{g6}$	孔	$\phi 50^{+0.025}_{0}$							
	轴	$\phi 50^{-0.009}_{-0.025}$							

(2) 填空：$\phi 16 \dfrac{H7}{js6}$ 公称尺寸_____，基_____制，_____配合，孔公差等级_____，轴公差等级_____。

(3) 改正尺寸偏差写法的错误，将正确的写在横线上。

$\phi 30^{+0.039}_{0}$ _____；$\phi 50^{-0.05}_{-0.025}$ _____；$\phi 35^{+0.02}_{-0.02}$ _____

(4) 根据装配图上的尺寸标注，查表后分别在零件图上注出相应的孔、轴的公称尺寸和极限偏差。

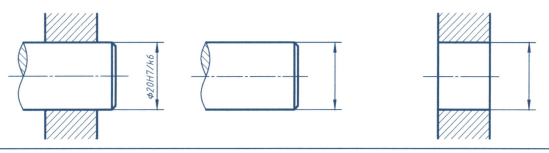

2. 尺寸极限与配合的标注（二）

（1）已知轴与孔的公称尺寸为 φ35，采用基轴制，轴的公差等级为 IT6，孔的公差等级为 IT7，基本偏差代号为 N。要求在零件图上注出公称尺寸、公差带代号和极限偏差，在装配图上注出公称尺寸和配合代号。

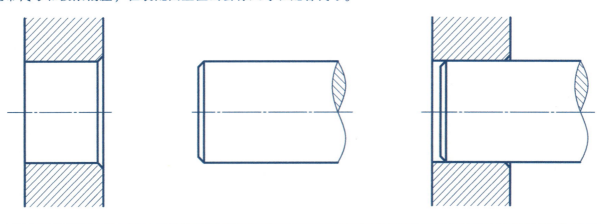

（2）根据装配图上的尺寸标注，查表后分别在零件图上注出相应的孔、轴的公称尺寸和极限偏差。

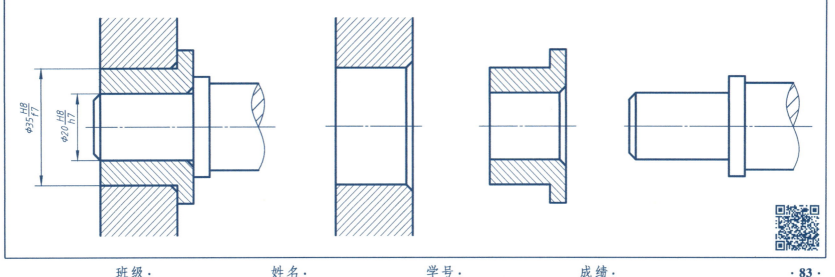

任务7.2　标注零件的表面结构要求和几何公差

1. 按要求标注表面粗糙度（一）

表面	Ⅰ	Ⅱ	齿轮齿面	倒角	孔	键槽槽底	键槽两侧	螺纹	其余
Ra	3.2	6.3	1.6	6.3	6.3	6.3	3.2	3.2	12.5

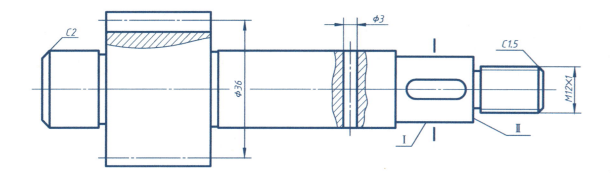
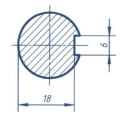

2. 按要求标注表面粗糙度（二）

(1)

表面	Ⅰ	Ⅱ	Ⅲ	Ⅳ	螺孔	沉孔	其余
Ra	6.3	3.2	12.5	12.5	3.2	6.3	毛坯

(2)

表面	Ⅰ	Ⅱ	Ⅲ	齿轮齿面	其余
Ra	6.3	1.6	1.6	3.2	12.5

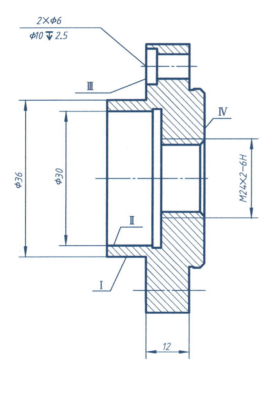
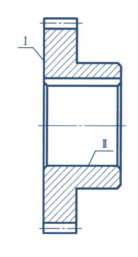

3. 按要求标注几何公差

(1)
1) φ20 圆柱外表面的圆度公差为 0.02。
2) φ30 圆柱轴线对 φ20 圆柱轴线的同轴度公差为 φ0.015。
3) φ12 圆孔轴线对左端面的垂直度公差为 φ0.04。

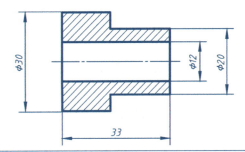

(2)
1) φ30h6 圆柱表面的圆柱度公差为 0.06。
2) φ50h7 圆柱表面对 φ30h6 圆柱轴线的圆跳动公差为 0.03。

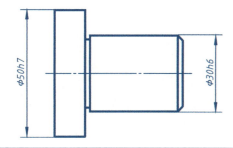

(3)
1) φ75m6 轴线对 φ50H7 轴线的同轴度公差为 φ0.025。
2) 零件左端面对右端面的平行度公差为 0.02。

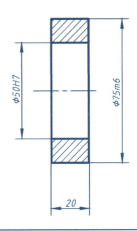

(4)
1) φ100h6 圆柱轴线对 φ45P7 圆孔轴线的同轴度公差为 φ0.015。
2) 零件右端面对左端面的平行度公差为 0.012。

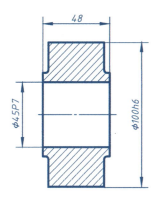

项目 8　识读零件图

任务 8.1　常见零件工艺结构的画法

常见零件工艺结构画法及其尺寸标注练习

（1）填空题

1）一张完整的零件图包括（　　　）、（　　　）、（　　　）和（　　　）四项内容。

2）零件图的技术要求中对零件表面质量的要求是（　　　）。

3）零件图的技术要求中对零件形状质量的要求是（　　　）。

4）零件图的技术要求中对零件相对位置质量的要求是（　　　）。

5）零件图的技术要求主要有（　　　）、尺寸公差、几何公差、材料及热处理等。

6）尺寸标注的基本要求有四项，它们分别是正确、完整、（　　　）和（　　　）。

7）合理标注尺寸是指所注尺寸既要保证（　　　）要求，又要符合（　　　）要求。

8）退刀槽的尺寸"3×1.5"中"3"表示_____，"1.5"表示_____。

9）倒角尺寸"C2"中的"C"表示_____，"2"表示_____。

（2）判断题

1）为了便于安装和操作安全，轴和孔的端面上应加工倒角。（　　）

2）退刀槽的尺寸标注可按"槽宽×直径"或"槽宽×槽深"的形式标注。（　　）

3）退刀槽是机械加工工艺结构。（　　）

4）起模斜度是铸造工艺结构。（　　）

（3）选择题

1）下列内容哪一个不是一张完整的零件图包括的内容？（　　）

　A. 一组视图　　B. 完整的尺寸

　C. 技术要求　　D. 明细栏

2）下列对沉孔标注错误的是（　　）。

A.

B.

C.

D.

常见零件工艺结构画法及其尺寸标注练习（续）

3）下列说法中正确的是（　　）。
　A. 在螺纹的规定画法中，普通螺纹的大径用粗实线表示
　B. 退刀槽的尺寸标注形式只能按"槽宽×直径"标注
　C. 普通平键的工作面是两侧面
　D. 粗牙螺纹要标注螺距

4）下列说法中错误的是（　　）。
　A. 在机械图样中，物体的对称中心线以细点画线表示
　B. 管螺纹的标记，标注在粗实线的引出线上
　C. 一对标准齿轮啮合，模数和齿形角必须相等
　D. 在零件图中，一个视图不能完全确定物体的形状

5）下列哪一个不属于机械加工工艺结构？（　　）
　A. 起模斜度　　B. 倒角　　C. 螺纹退刀槽　　D. 钻孔结构

6）表示 45°倒角的缩写词为（　　）。
　A. 倒角　　　B. φ　　　C. t　　　D. C

7）下列哪一个不属于铸件工艺结构？（　　）
　A. 起模斜度　　　　B. 铸造圆角
　C. 螺纹退刀槽　　　D. 过渡线

8）下列对退刀槽标注错误的是（　　）。

A.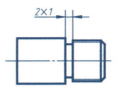

B.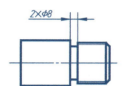

C.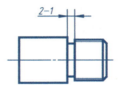

D.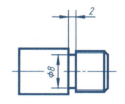

9）下列倒角标注不正确的是（　　）。

A.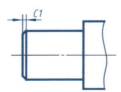

B.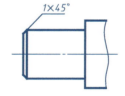

C.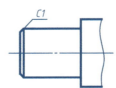

D.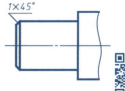

任务 8.2　识读典型零件零件图

1. 识读零件图，完成下列问题（一）

(1) 该零件的名称为_____，材料为_____，该零件图采用的比例为_____，其含义是_____。

(2) 零件采用的表达方法有_____、_____、_____。

(3) 在图中标出轴向和径向尺寸的主要基准。

(4) 图中的定位尺寸有_____、_____。

(5) 在图中把 φ40h6 改写成公称尺寸、公差带代号、偏差数值形式。

(6) 键槽槽底的表面粗糙度 Ra 值为_____μm。

(7) 将平键槽两侧的表面粗糙度 Ra 值 6.3μm 用代号标注在图形上。

(8) 将技术要求："φ40h6 圆柱的圆度公差为 0.007" 的含义用代号标注在图形上。

(9) M16 的含义：M 是指_____，16 是指_____。该螺纹的_____面的表面粗糙度 Ra 值为 6.3μm。

(10) 尺寸 ⌵φ8×90° 中，⌵ 的意思是_____，请在图中直接注出 φ8、90° 所指部位的尺寸。

(11) 在指定位置补画 C—C 断面图。

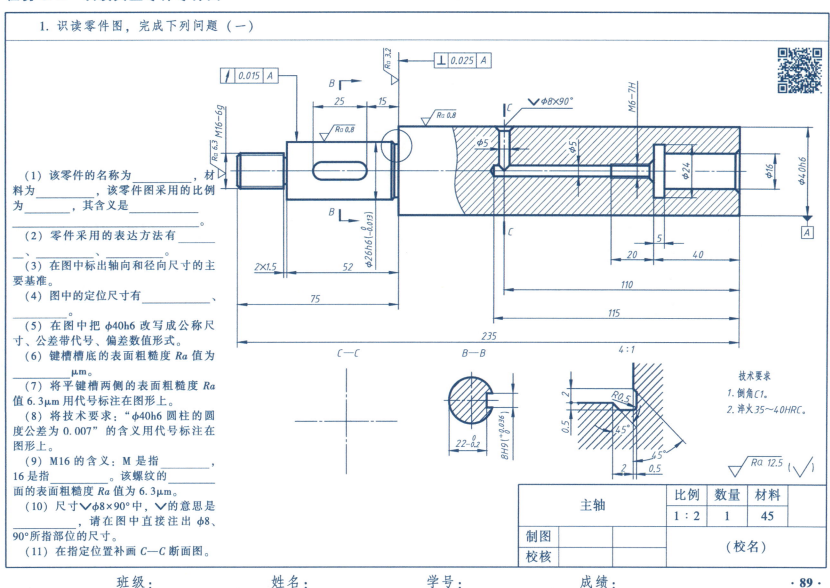

2. 识读零件图，完成下列问题（二）

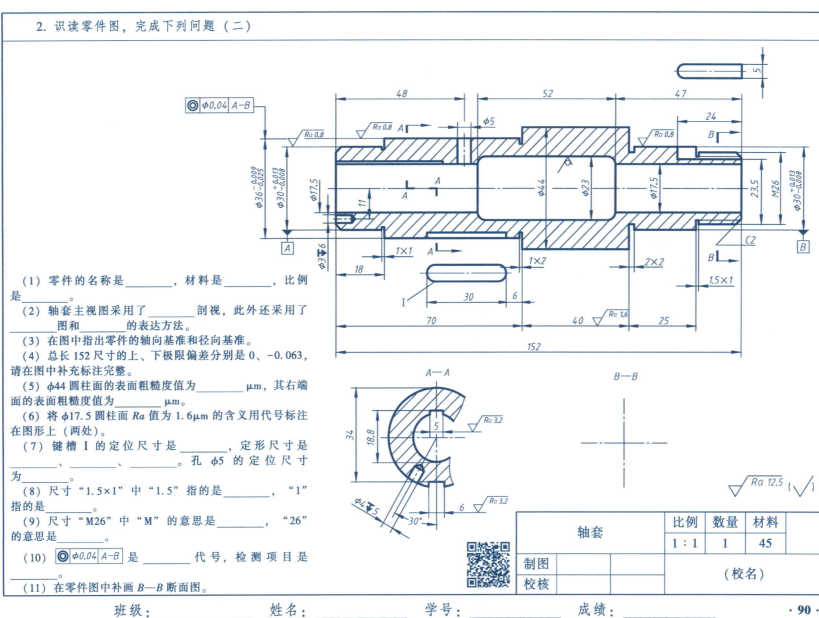

(1) 零件的名称是_____，材料是_____，比例是_____。
(2) 轴套主视图采用了_____剖视，此外还采用了_____图和_____的表达方法。
(3) 在图中指出零件的轴向基准和径向基准。
(4) 总长152尺寸的上、下极限偏差分别是 0、-0.063，请在图中补充标注完整。
(5) φ44 圆柱面的表面粗糙度值为_____μm，其右端面的表面粗糙度值为_____μm。
(6) 将 φ17.5 圆柱面 Ra 值为 1.6μm 的含义用代号标注在图形上（两处）。
(7) 键槽 I 的定位尺寸是_____，定形尺寸是_____、_____、_____。孔 φ5 的定位尺寸为_____。
(8) 尺寸"1.5×1"中"1.5"指的是_____，"1"指的是_____。
(9) 尺寸"M26"中"M"的意思是_____，"26"的意思是_____。
(10) ⌾ φ0.04 A-B 是_____代号，检测项目是_____。
(11) 在零件图中补画 B—B 断面图。

3. 识读零件图，完成下列问题（三）

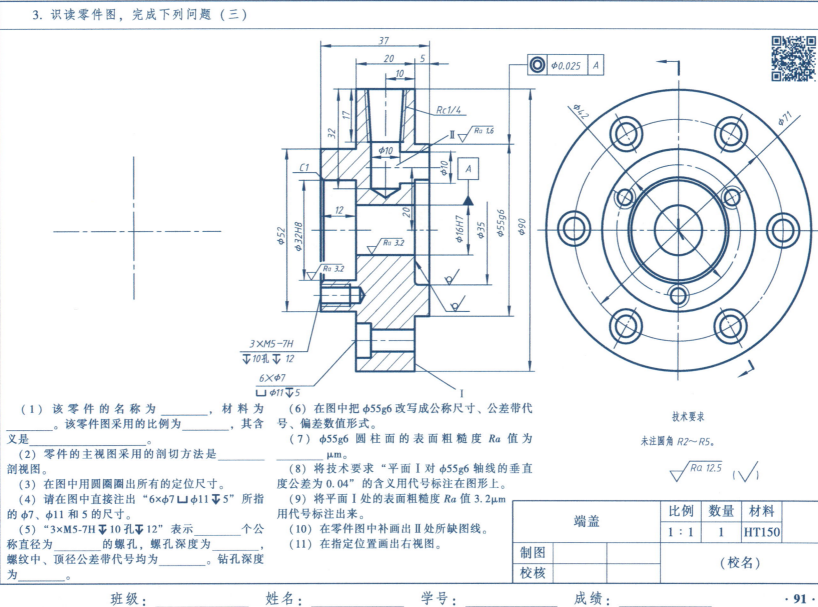

（1）该零件的名称为_____，材料为_____。该零件图采用的比例为_____，其含义是_____。
（2）零件的主视图采用的剖切方法是_____剖视图。
（3）在图中用圆圈圈出所有的定位尺寸。
（4）请在图中直接注出"6×φ7⌴φ11▽5"所指的φ7、φ11和5的尺寸。
（5）"3×M5-7H▽10孔▽12"表示_____个公称直径为_____的螺孔，螺孔深度为_____，螺纹中、顶径公差带代号均为_____。钻孔深度为_____。
（6）在图中把φ55g6改写成公称尺寸、公差带代号、偏差数值形式。
（7）φ55g6圆柱面的表面粗糙度Ra值为_____μm。
（8）将技术要求"平面Ⅰ对φ55g6轴线的垂直度公差为0.04"的含义用代号标注在图形上。
（9）将平面Ⅰ处的表面粗糙度Ra值3.2μm用代号标注出来。
（10）在零件图中补画出Ⅱ处所缺图线。
（11）在指定位置画出右视图。

技术要求

未注圆角R2～R5。

	比例	数量	材料
端盖	1∶1	1	HT150
制图			
校核		（校名）	

4. 识读零件图，完成下列问题（四）

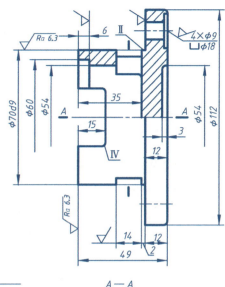
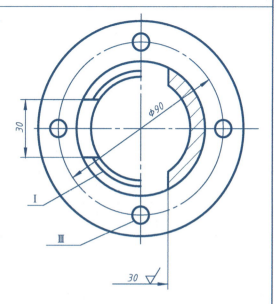

A—A

技术要求
铸造圆角R3。

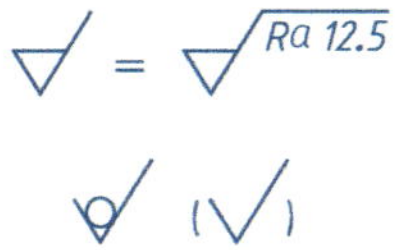

（1）该零件的名称是_____，材料为_____，属于_____类零件，采用的比例为_____。其含义是_____。
（2）该零件的主视图采用的剖视种类是_____剖、左视图采用的剖视种类是_____剖。
（3）在图中标出轴向和径向尺寸的主要基准。
（4）图中 4×φ9 ⌴ φ18 表示_____个直径为_____的_____形的_____孔，φ18 指_____，其定位尺寸为_____。
（5）表面Ⅰ的表面粗糙度代号为_____，表面Ⅱ的表面粗糙度代号为_____，表面Ⅲ的表面粗糙度代号为_____。
（6）尺寸 φ70d9，其公称尺寸为_____，基本偏差代号为_____，标准公差等级为_____。在图中把该尺寸改写成公称尺寸、偏差数值的形式。
（7）图中Ⅳ处的半径为_____。
（8）将技术要求"零件左端面对 φ70d9 轴线的垂直度公差为0.04。"标注在图形上。
（9）在指定位置画出 A—A 全剖视图。

	端盖	比例	数量	材料
制图		1:2	1	HT150
校核		(校名)		

5. 识读零件图，完成下列问题（五）

（1）该零件的名称是_____，材料是_____，比例是_____。其含义是_____，属于_____类零件。

（2）该零件用了_____个图形表达，它们分别是_____视图、_____视图，_____视图和_____图。

（3）主视图中"C1"的含义："C"的意思是_____，"1"的意思是_____。

（4）图中表面质量最高的 Ra 值为_____，零件右侧面的表面粗糙度 Ra 值为_____。

（5）图中螺孔 2×M8-7H 的定位尺寸有_____、_____。

（6）代号"2×M8-7H"表示_____个公称直径为_____的螺孔，是_____牙，_____旋，螺纹中、顶径公差带代号均为_____。

（7）⊥ $\phi0.05$ A 表示被测部位为_____，对基准_____的_____度公差值为_____。

（8）主视图中孔 $\phi35H8$ 改写成公称尺寸、偏差数值的形式为_____。

（9）补画左视图（不画虚线）。

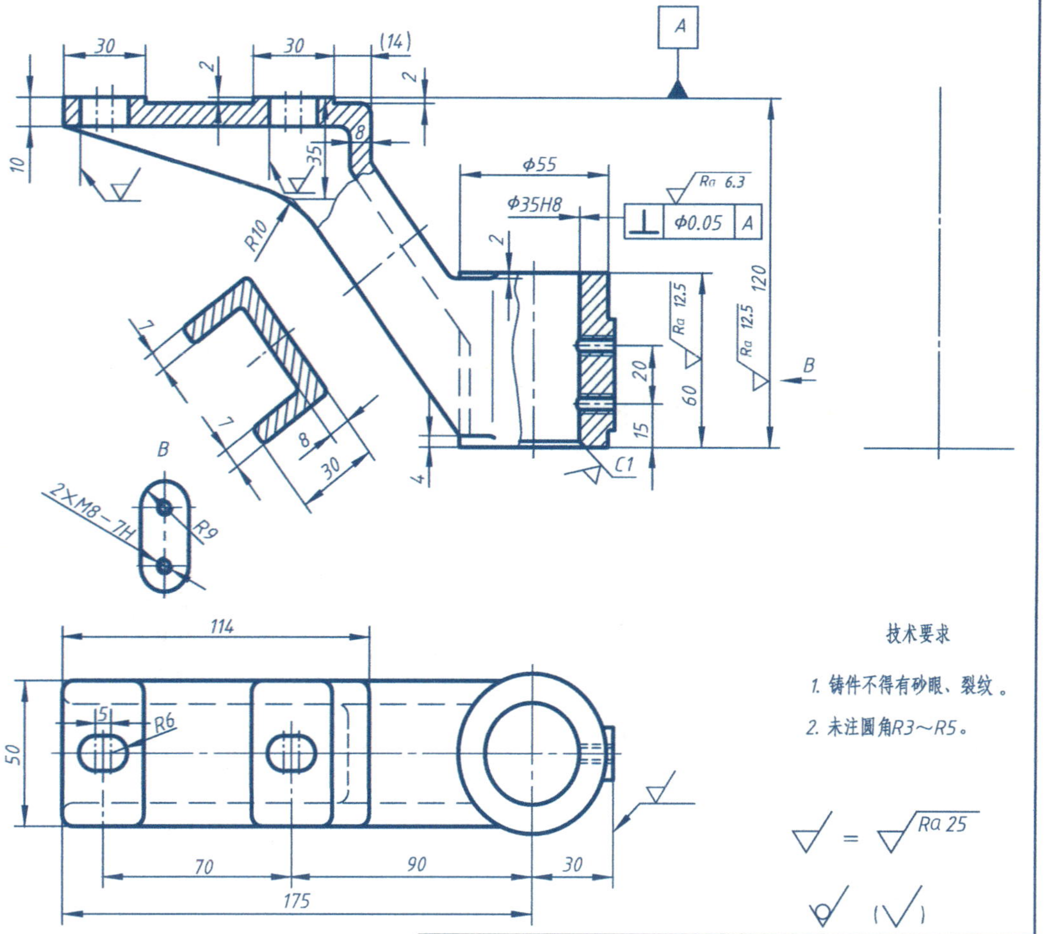

技术要求

1. 铸件不得有砂眼、裂纹。
2. 未注圆角R3～R5。

	比例	数量	材料
托架	1：2	1	HT150
制图			
校核		（校名）	

6. 识读零件图，完成下列问题（六）

(1) 零件的名称是_____。零件图采用的比例是_____，材料是_____。
(2) 零件采用了_____、_____的表达方法。
(3) 在图上指出长、宽、高三个方向的尺寸基准。
(4) 解释尺寸 M10×1-6H 的含义：表示_____牙_____螺纹，大径为_____，螺距为_____，旋向是_____，中径和顶径公差带代号为_____。
(5) M10×1-6H 孔宽度方向定位尺寸是_____。
(6) φ28 圆柱的长度尺寸为_____，其圆柱表面粗糙度代号为_____，其左端面的粗糙度代号为_____。
(7) ⊥ 0.05 A 表示检测项目为_____，公差值是_____，基准要素是_____。
(8) 零件下端 R24 内表面粗糙度值 Ra 为 6.3μm，请在图中用代号正确注出。
(9) 在图中把中心距尺寸 87b11 改写成公称尺寸、公差带代号、尺寸偏差的形式。
(10) 在指定位置画出 A—A 断面图。

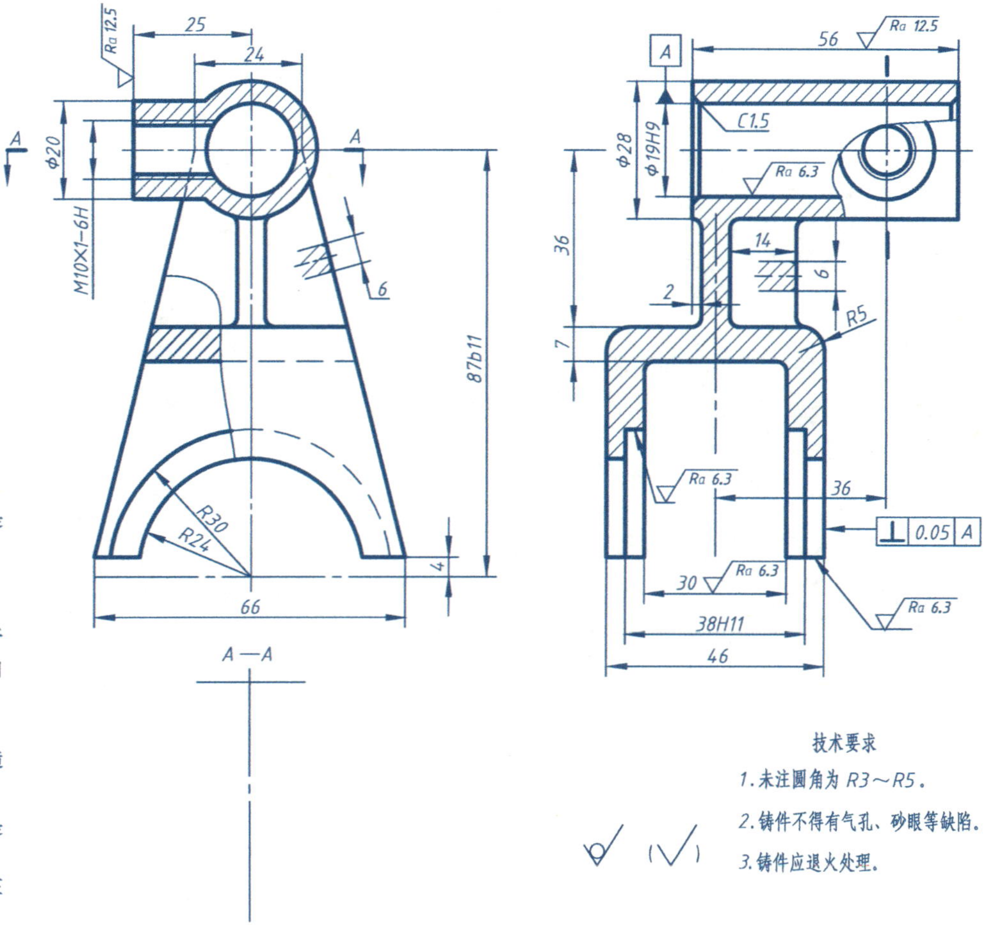

技术要求
1. 未注圆角为 R3～R5。
2. 铸件不得有气孔、砂眼等缺陷。
3. 铸件应退火处理。

	拨叉	比例	数量	材料
制图		1：1	1	HT200
校核		（校名）		

班级：_____ 姓名：_____ 学号：_____ 成绩：_____

· 94 ·

7. 识读零件图，完成下列问题（七）

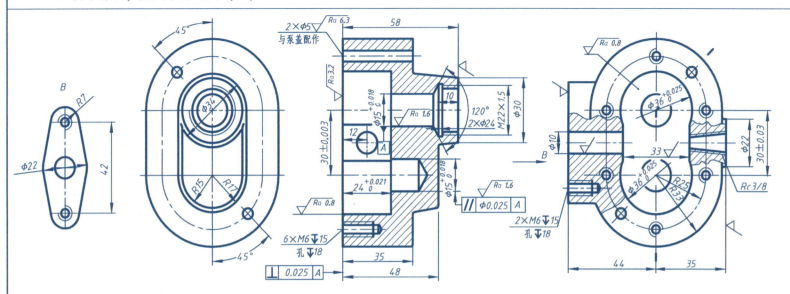

(1) 该零件的名称是_____，材料为_____，采用的比例为_____。
(2) 该零件采用了_____、_____、_____的表达方法。
(3) 主视图中，6×M6▼15孔▼18表示有_____个螺孔，M表示_____，大径为_____，15和18分别表示_____、_____。
(4) 主视图中，M22×1.5表示螺纹是_____牙，_____为1.5。
(5) 主视图中，尺寸2×φ24所标注的是_____结构，2指的是_____，φ24指的是_____。
(6) 左视图中，螺孔2×M6▼15的定位尺寸为_____。
(7) 主视图中，"2×φ5 与泵盖配作"是_____孔，其表面粗糙度代号为_____，定位尺寸是_____、_____。
(8) Rc3/8是_____类型的螺纹，尺寸代号是_____。
(9) 该零件表面质量要求最高的粗糙度值为_____μm。
(10) 在指定位置画出主视图的外形（不画虚线）。

技术要求
未注圆角半径R1.5。

	泵体	比例	数量	材料
		1：2	1	HT200
制图				
校核			（校名）	

8. 识读零件图，完成下列问题（八）

（1）该零件的名称是_____，材料为_____，采用的比例为_____。
（2）该零件采用了_____和_____的表达方法。
（3）M32×2-7H 表示_____螺纹，大径为_____，_____牙，螺距为_____，_____旋，中顶径公差带代号为_____。
（4）G3/8 是_____类型的螺纹，3/8 指的是_____。该螺纹有两处，定位尺寸分别为_____。
（5）零件表面质量要求最高的粗糙度值为_____μm，是指图中尺寸为_____的面。
（6）零件底面的表面粗糙度代号为_____，螺纹孔 M32×2-7H 孔口倒角尺寸为_____。Ⅰ面的粗糙度代号为_____。
（7）Ⅱ面的表面粗糙度要求与其相对的右面相同，请正确注出。
（8）Ⅲ处半径为_____。
（9）$\phi 9^{+0.022}_{0}$ 表示_____为 $\phi 9$，_____为+0.022，_____为 0。
（10）在指定位置画出 A—A 剖视图。

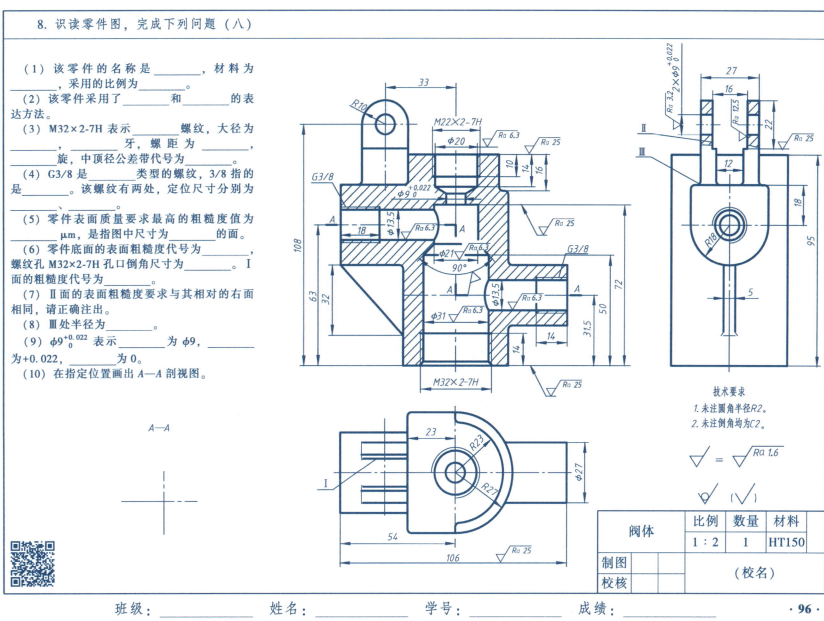

项目 9　表达装配体的结构

任务 9.1　装配体的视图表达方法

任务 9.2　常见装配体工艺结构的画法

改正装配图中的画图错误，漏的线补画，画错的线打"×"，然后在右边画出正确的图形

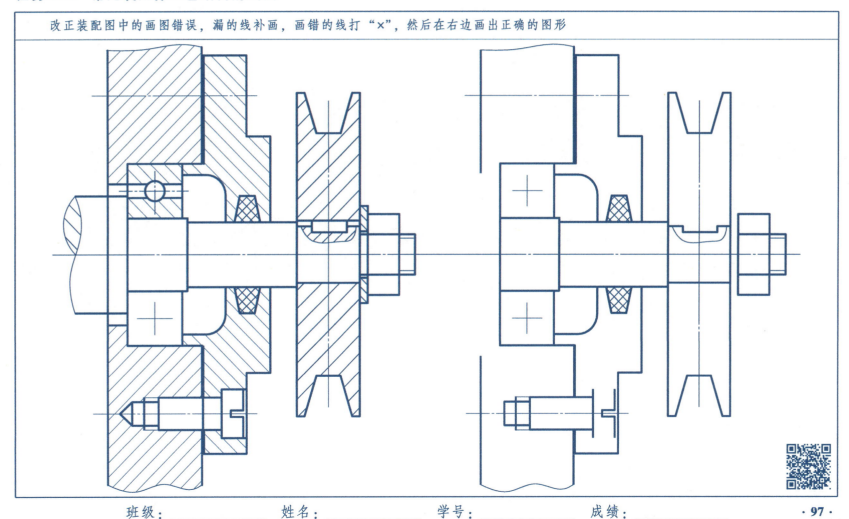

班级：_____　姓名：_____　学号：_____　成绩：_____

项目 10 标注装配体的尺寸及技术要求并编制明细栏

任务 10.1 标注装配体的尺寸及技术要求
任务 10.2 编制零部件序号和明细栏

完成以下填空题、判断题

(1) 填空题
1) 在装配图中，相同零件在几个视图中，剖面线的方向和间隔应_____。
2) 在装配图中，相邻两个或多个零件在视图中，剖面线的方向应_____或间隔_____。
3) 在装配图中，两相邻零件的接触面和配合面画_____条线。如果两相邻零件的公称尺寸不相同，应画成_____条线。
4) 对于紧固件以及实心的球、手柄、键等零件，若剖切平面通过其对称平面或轴线，则这些零件均按_____绘制。
5) 在装配图中，画薄的垫片时可将其_____。
6) 在装配图中，假想画法的轮廓线用_____画出。
7) 在装配图中，所有零部件都须编写序号，规格相同的零件编写_____个序号，标准化组件（如滚动轴承、电动机等）编写_____个序号。
8) 装配图中零件序号应与明细栏中的序号_____。
9) 零件序号的指引线相互不能相交，不能与零件的剖面线_____，指引线允许弯折_____次。
10) 明细栏一般放在标题栏上方，并与标题栏对齐。填写序号由_____向_____排列。
11) 明细栏和标题栏的分界线是_____实线，明细栏的外框竖线是_____实线，明细栏的横线和内部竖线均为_____实线。
12) 装配图一般应标注性能（规格尺寸）、装配尺寸、_____尺寸、_____尺寸和其他重要尺寸。
13) 序号编注在视图周围，按顺时针或_____方向排列，在水平和_____方向排列整齐。
14) 当零件明细栏在标题栏上方位置不够时，可在标题栏_____方继续列表由下向上接排。
15) 指引线所指部分不便画圆点可用_____代替。
16) 序号数字比装配图中的尺寸数字大一号或_____。
17) 对装配关系清楚的零件组，允许采用公共_____。

(2) 判断题
( ) 1) 装配图是表达机器或零件的图样。
( ) 2) 零件序号编注在视图周围，按顺时针方向排列。
( ) 3) 序号应在水平和垂直方向排列整齐。
( ) 4) 在装配图中只标注必要的尺寸，不必标注完整的尺寸。
( ) 5) 装配图中两相邻零件的接触面和配合面只画一条线。
( ) 6) 在装配图中，画薄的垫片时可将其涂黑。
( ) 7) 在装配图中应标注出每个零件的尺寸。
( ) 8) 装配图中规格相同的零件只编一个序号。
( ) 9) 序号指引线末端可画圆点或箭头指向零件的轮廓线。
( ) 10) 在装配图中应完整、清晰地表达出零件的结构形状。
( ) 11) 假想画法的轮廓线用细点画线画出。
( ) 12) 装配图中所有零件序号，都应绘制指引线。
( ) 13) 如果两相邻零件的公称尺寸不相同，应画成两条线。
( ) 14) 零件序号的指引线可以是任意角度。
( ) 15) 零件明细栏一定要在标题栏上方。
( ) 16) 明细栏和标题栏的分界线是粗实线。
( ) 17) 明细栏的外框线是粗实线，明细栏的内部线均为细实线。

项目 11　识读装配图

任务　识读装配图

读旋阀的装配图，并回答读图问题

（1）旋阀的工作原理：

旋阀用阀体 1 两端的螺纹孔与管道联接，作为开关装置。其特点是可以迅速开启和关闭，并能控制液体流量。在旋阀装配图的主视图中，锥形塞 6 上圆孔的轴线与管道的轴线处于同一水平线上，表示旋阀全部开启。当锥形塞 6 旋转 90°后，锥形塞 6 上圆孔的轴线与管道的轴线处于垂直位置，此时管道被锥形塞完全阻断，表示旋阀完全关闭。

为了防止液体泄漏，在锥形塞的上部与阀体之间装有填料 3（石棉绳），并通过螺栓 4 将填料压盖 5 压紧。

（2）读懂旋阀的装配图，并回答下列问题：

1）旋阀由_____种零件组成，其中标准件有_____种。

2）旋阀用_____个视图表示，主视图采用了_____剖视图，左视图采用了_____图。

3）为表达件 6 锥形塞上的孔与阀体 1 上的孔的联接和贯通关系，采用了_____剖视图。

4）装配图中的尺寸 125 是_____尺寸，56 是_____尺寸，164 是_____尺寸。

5）φ45H6/f5 是零件_____与零件_____的_____尺寸，H6 表示_____号零件的公差带代号，f5 表示_____号零件的公差带代号，是基_____制的_____配合。

6）图中的 1∶7 表示_____号零件和_____号零件的尺寸，它表示该处的_____形结构大小。

7）旋阀的规格尺寸是_____。

8）解释图中 G3/4 的含义：G 表示_____，3/4 表示_____。

9）件 6 上的交叉细实线表示_____。

10）图中的件 4 采用了装配图的_____画法和_____画法。

11）写出旋阀的拆卸步骤。

读旋阀的装配图，并回答读图问题（续）

(3) 拆画阀体1的零件图。

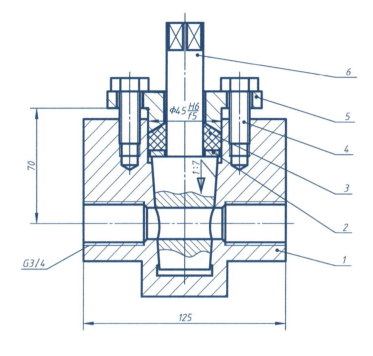
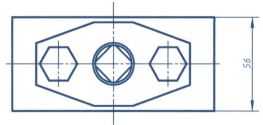
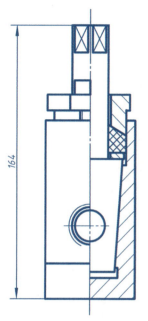

6	锥形塞	1	35	
5	填料压盖	1	35	
4	螺栓 M12×30	2		GB/T 5783
3	填料	1	石棉绳	
2	垫圈 22	1		GB/T 97.1
1	阀体	1	35	
序号	名称	数量	材料	备注
旋阀		比例	1:2	共1张
		质量		第1张
制图				
校核		（校名）		

班级：_____ 姓名：_____ 学号：_____ 成绩：_____

项目 12　AutoCAD 计算机绘图

任务　计算机绘图综合训练

1. 利用 AutoCAD 完成以下绘制任务

总体要求：
（1）建立一个文件夹，文件夹名"计算机绘图综合训练-姓名"，所画图形文件全部存放于该文件夹中。
（2）按照机械制图国家标准设置相应图层、线型、线宽、文字和尺寸样式。

（1）按照 1∶1 的比例抄画下面的图形，未注圆角 R3，文件名为"平面图形-姓名"。

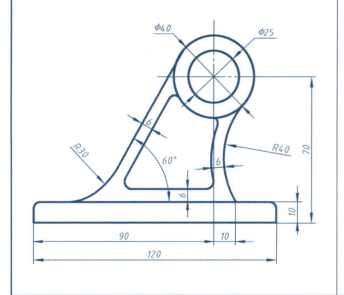

（2）按照 1∶1 的比例抄画形体的俯视图和左视图，补画其全剖的主视图，不标注尺寸，文件名为"三视图-姓名"。

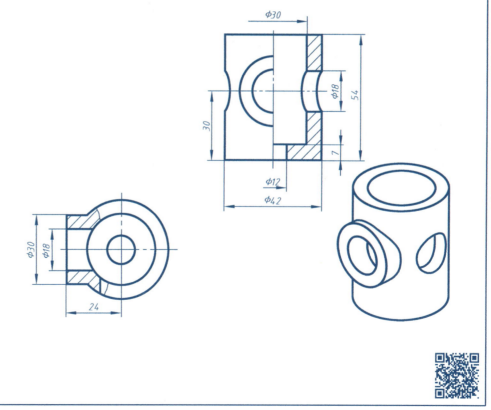

班级：_____　姓名：_____　学号：_____　成绩：_____

1. 利用 AutoCAD 完成以下绘制任务（续）

（3）抄画滑轮支架非标准件零件图（共四个零件）。图纸幅面和比例自行合理选择，使用系统内样板文件中"Gb"图框、标题栏，保存文件名分别为："轴套-姓名"、"支架-姓名"……

（4）根据滑轮支架的零件图和装配示意图拼画其装配图，文件名为"滑轮支架-姓名"。

1）用 A3 幅面，按照 1∶1 比例，使用系统内样板文件中"Gb_a3"图框、标题栏。

2）表达清楚滑轮支架的工作原理，各零件装配连接关系及主体外形特征。

3）标注必要的尺寸，注写技术要求。

4）填写标题栏，编写零部件序号及明细栏。

（5）打印"支架-姓名"零件图。

6	螺母M10	1		GB/T 41
5	垫圈10	1		GB/T 95
4	支架	1	Q235A	
3	轴套	1	45	
2	滑轮	1	45	
1	小轴	1	45	
序号	零件名称	数量	材料	备注

滑轮支架零件明细表

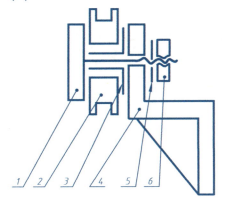

技术要求
1. 装配时2、3号零件间涂油脂。
2. 装配后零件2可灵活转动。

滑轮支架装配图   滑轮支架装配图（视图）

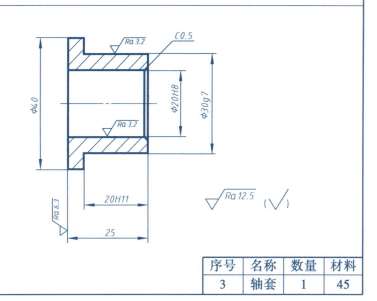

| 序号 | 名称 | 数量 | 材料 |
| 3 | 轴套 | 1 | 45 |

1. 利用 AutoCAD 完成以下绘制任务（续）

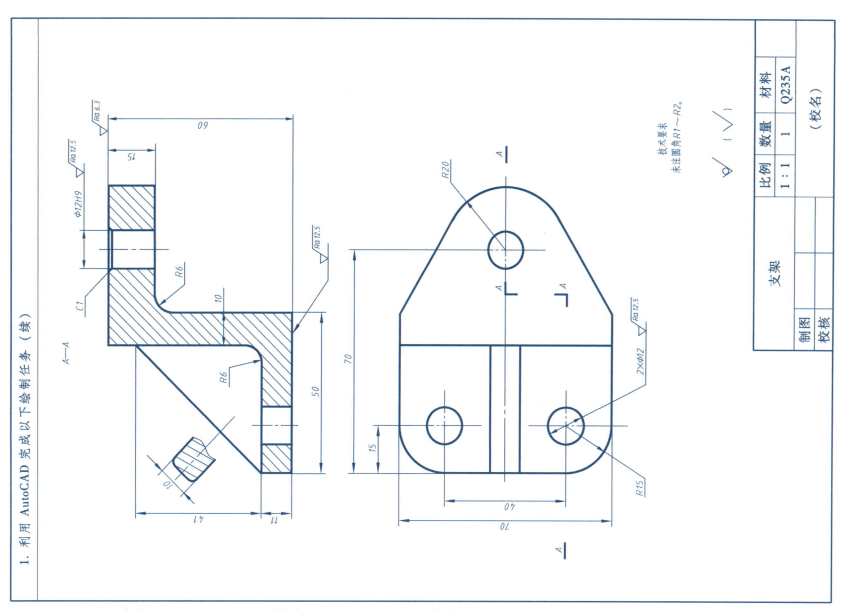

1. 利用 AutoCAD 完成以下绘制任务（续）

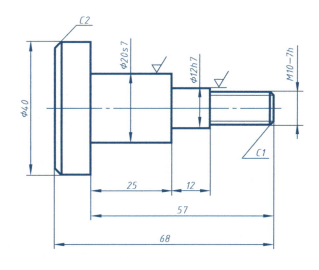

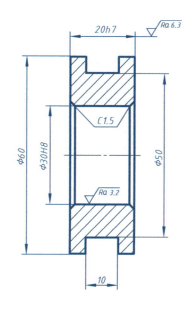

序号	名称	数量	材料
1	小轴	1	45

序号	名称	数量	材料
2	滑轮	1	45

班级：_____　姓名：_____　学号：_____　成绩：_____

2. 利用 AutoCAD 根据零件图画装配图

根据齿轮油泵的零件图和装配示意图拼画其装配图，文件名为"齿轮油泵-姓名"。

（1）用 A2 幅面，按照 2∶1 比例（或 A3 幅面，按照 1∶1 比例），使用系统内样板文件中"Gb"图框、标题栏。

（2）表达清楚齿轮油泵的工作原理，各零件装配连接关系及主体外形特征。

（3）标注必要的尺寸，注写技术要求。

（4）填写标题栏，编写零部件序号及明细栏。

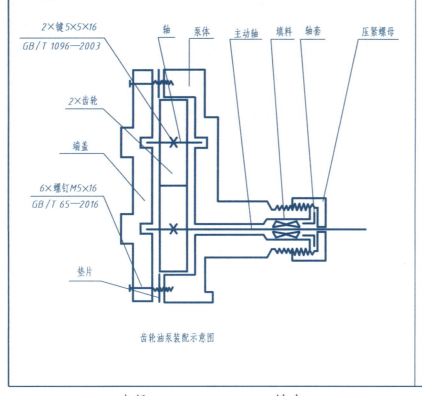

齿轮油泵装配示意图

11	压紧螺母	1	35	
10	轴套	1	35	
9	填料		油浸石棉	无图
8	端盖	1	HT300	
7	轴	1	45	
6	齿轮	2	45	
5	键 5×5×16	2	Q235A	GB/T 1096—2003
4	主动轴	1	45	
3	螺钉M5×16	6		GB/T 65—2016
2	垫片	1	工业用纸	
1	泵体	1	HT300	
序号	名称	数量	材料	备注

齿轮油泵零件明细表

技术要求

1. 安装后，用手转动主动轴应灵活。
2. 两齿轮啮合接触面应占全齿面 3/4 以上。
3. 工作压力 2.5MPa，试验压力 3MPa。
4. 填料压实后，压紧螺母的螺纹旋合长度不大于 10mm。

齿轮油泵装配图

装配图主视图　装配图左视图

2. 利用 AutoCAD 根据零件图画装配图（续）

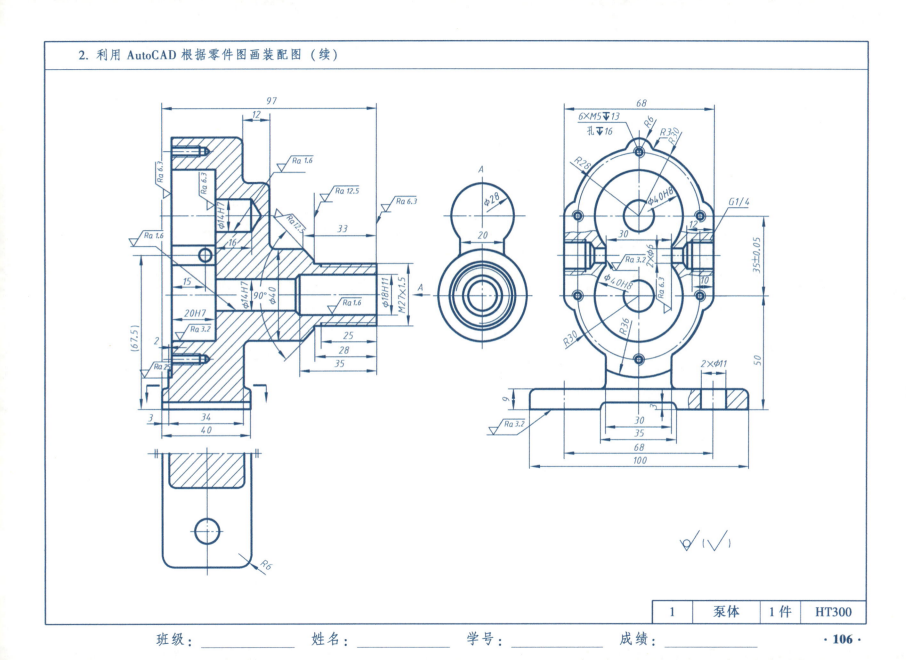

2. 利用 AutoCAD 根据零件图画装配图（续）

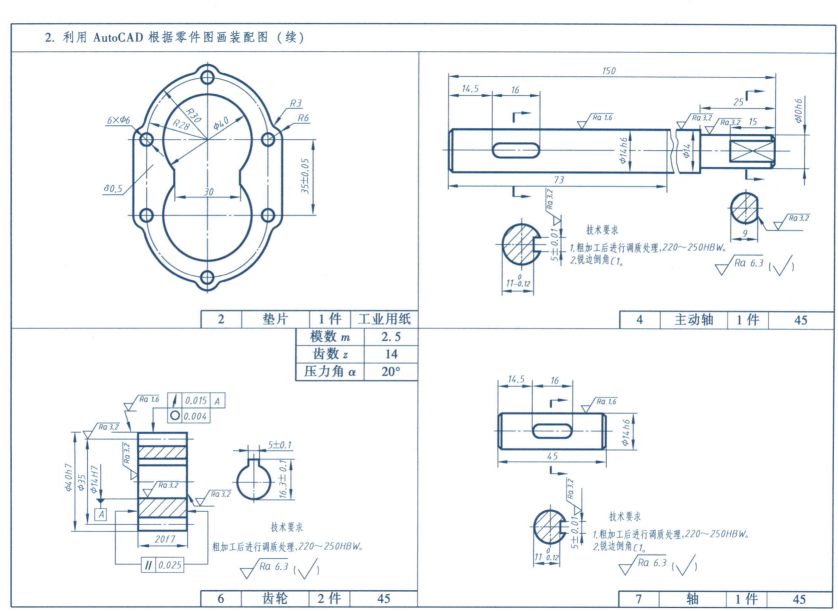

2. 利用 AutoCAD 根据零件图画装配图（续）

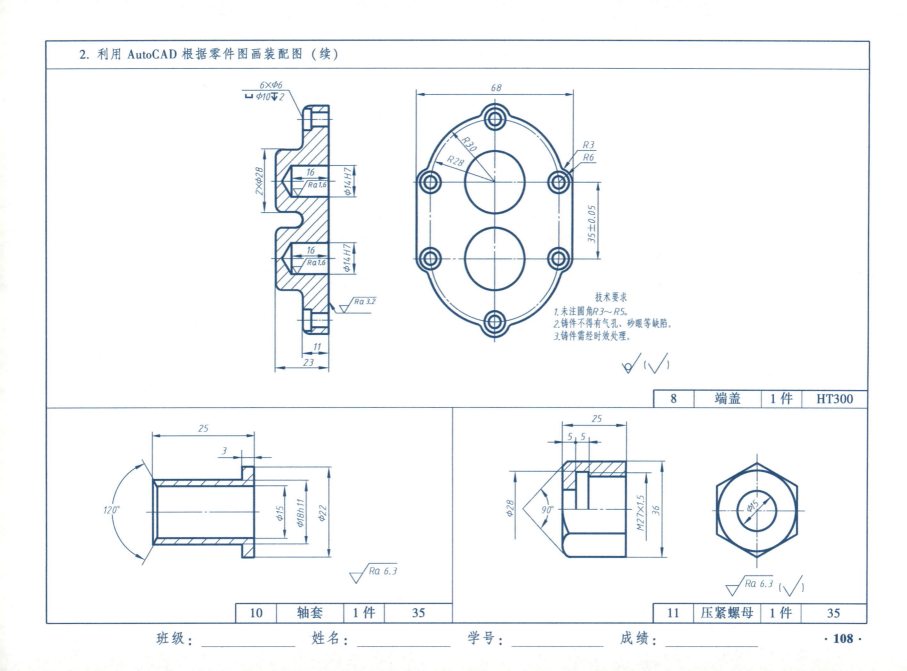

项目 13 减速器测绘

任务 画零件草图和零件工作图

任选一个减速器零件,在下面空白位置绘制零件草图,再利用 AutoCAD 把零件草图绘制成零件工作图